编著◎王立娜

一生九立

YISHENGJIULI

河南出版集团
中原农民出版社

图书在版编目(CIP)数据

一生九立／王立娜编著．—2版．—郑州 ：中原出版传媒集团，中原农民出版社，2014.7
ISBN 978－7－5542－0770－3

Ⅰ．①一… Ⅱ．①王… Ⅲ．①成功心理－通俗读物
Ⅳ．①B848.4－49

中国版本图书馆CIP数据核字(2014)第160515号

出版：中原出版传媒集团　中原农民出版社
（地址：郑州市经五路66号　电话：0371—65751257
邮政编码：450002）
发行单位：全国新华书店
承印单位：辉县市伟业印务有限公司
开本：710mm×1010mm　1/16
印张：17　**字数**：219千字
版次：2014年7月第2版　**印次**：2014年7月第3次印刷

书号：ISBN 978－7－5542－0770－3　**定价**：39.00元

前言

要想成就辉煌的事业，就必须树立远大的志向，确定自己为理想奋斗的目标，并为之付出一番艰苦的努力。中国自古就有“修身养性，齐家治国平天下”的传统。未学做事先学做人，立志是成事创业的根本所在。艰苦的环境能造就出一个人优秀的品格，激励一个人的斗志，增强一个人的能力，立业靠志气，志气是事业的脊梁。因此，每一个想在事业上有所成就的人，必须拥有一个坚定的志向。

高尚的道德是成就事业与完善人格的基础。纵观古今，凡是在事业上有所作为的人，都十分重视道德的修养。一个人要想获得更好的生存和发展，就必须从自我修养做起。即使在日常生活中，人们也必须具备基本的品德修养，对传统的美德必须继承。只有坚持自身的道德修养，才能进入到人生的美好境界。从古到今，身前重名、身后重誉就是一个优秀的传统，并一直为成就大事者所承继。人生在世，要多做一些有益于他人的事情，尽自己之能力，为人间描绘出一派美好的景色，这些都要经过古人所说的“立德、立言、立行”才能实现。

一个人要想取得事业的成功，应具备的因素也是多方面的。首先要打好基础，这是走向成功的前提。人要在社会中体现自身的价值，就要找到适合自己发展的行业，这样才能充分发挥聪明才智。同时，在做人、做事上要讲究方圆之道，该方则方，该圆则圆，这样，才能从容应对竞争与挑战，在社会上才能左右逢源，诸事顺遂；与他人的关系也会更加和谐，从而有利于自身事业的发展。练达了方圆处世，也就练达了做人的智慧和做事的策略。这样，当机遇出现的时候，才能很好地把握和利用，进而获得非凡成功。

本书从人生的九大方面着手，对一个人成就辉煌事业所必须具备的因素进行了系统的论述，讲今比古，阐释透彻，堪称立身处世、获取人生成功的最佳指南。只要一书在手，细加品读，融会贯通，学以致用，你就会在自己所从事的领域中出类拔萃，取得辉煌的业绩。本书内容涵盖面广，取材经典，通过鲜明事例和缜密的阐述，告诉你立身处世的捷径，告诉你轻松获得成功的密码，相信你定能从中获得大量有益启迪，短期内会重新塑造出一个完美的自我，轻松享受成功快慰的人生。

编著者

2007 年 1 月

目　录

立志：志向成就未来

要想成就辉煌的事业，就必须首先确立远大的志向。立志就等于成功了一半，只有立志才能激发人的进取心，才能产生奋发向上的动力，一切事业的成功与失败都取决于此。

一鼓作气，志在必得/ 003
先求稳，后谋攻/ 009
立志是成大事者的资本/ 011
把主要精力放在关键问题上/ 014
目标要分段实施/ 016
稳扎稳打，步步为营/ 018
做决策前一定要先做调研/ 020
眼光决定成就的大小/ 023

立言：这样说话最有效

话人人会说，但要说得好，说得妙，说得恰到好处，并非人人都能做到。语言是人与人之间沟通的桥梁，在社会交往中，掌握说话的技巧对于每个人来说是极其重要的。有些人说起话来头头是道，办起事来顺顺当当，就是因为他们懂得灵活变通，所以才会无往而不胜。

注意在言语上不得罪人/ 027
做出承诺要慎重/ 029
言语上不露才智，不让他人忌讳/ 032
含糊其辞藏智慧/ 033
能说会道是升迁的妙诀/ 036
让上级接受批评的语言技巧/ 039
要给领导一个满意的承诺/ 041
在言语上要注意圆滑/ 044
练好察言观色的基本功/ 045
奖励一定要经过良性竞争/ 048

立德：唯贤唯德，能服于人

古来有句老话：天下是天下人之天下，有德者居之。由此可以看出，凡是身居显位，成就大事的人，都是德才兼备的人。立德是立身之本，是一个成大事者首先必修的一课，以德立业才能长久，良好的品德是成就辉煌事业的坚实基础。

唯德者方可谋大事/ 053
以德为政，天下归心/ 055
进德修业终有所成/ 059
从大局出发，抛开私人恩怨/ 061
事业越大，越要注意名声和信誉/ 065
成功的同时也要帮助别人/ 067
以德以礼，天下自治/ 070

立慧：心智决定成就

假如一个天才相信自己会变成一个笨蛋，并且一直这样想，那么他终究有一天会变成笨蛋。一个人目前的整体能力是否强劲并不很重要，但他内心的自我评估将决定他的努力结果。一个自信心很强的人常常比一个具有卓越才能但信心不足的人所取得的成就要大得多。

找准要害，危机自解/ 077
抓住弱点，掌控全局/ 079
将计就计，牵出实情/ 080
略出锋芒，魅力凸显/ 082
睿智心策是打开僵局的钥匙/ 088
聪明智慧使人永立不败之地/ 090
虚己纳言，借智为智/ 096
知己知彼，从容周旋/ 104
不尚力而尚谋/ 107
及时发现隐患，及时解决/ 109

立名：成事先成名

谦虚地表现自己，是让别人认知自己的一种手段，只要拿捏得恰到好处，往往会收到意想不到的结果。有很多事情的成功要靠自己去争取，要善于借势，造势，增加影响力，并用自己的人格魅力去感召别人，这样你的事业就会做大，做强。

正人者先正己/ 117
巧借名号,实则去之/ 119
教子在师,成名在己/ 121
成名并不等于成事/ 125
操守清廉,处世慎勤/ 127
先学做人后做事/ 131

立行:立即行动

一个要想成大事的人,就要时刻提醒自己做事要迅捷,决策要果断,只有敢于决断,并立即付诸行动,你才会抢占先机,接近成功。想成功,就不要畏惧风险,唯有带着沉重的风险意识,敢于怀疑和冲破以往的常规,通过冒险而取得成功后,才会享受到人生最大的喜悦。

功高不傲,小心处世/ 135
找准路子,顺应时局之变/ 137
学会选择,懂得放弃/ 141
难得者时,易失者机/ 142
果敢决策,勇敢出击/ 144
敢于挑战,才能取得成功/ 147
最巧妙的手段一定要到位/ 153
敢于决策,把握先机/ 156
灵敏如兔,才能不被捕获/ 158
开拓一条属于自己的路/ 161

立基：基础是成功的前提

万丈高楼平地起，只有牢固的地基，才能保证大楼的空间稳定。人要在社会发展中实现自身价值，打好基础是非常重要的。在社会中要找到适合自己的发展空间，虚心学习别人的长处，并善于借鉴成功经验，这样才能成就自己的大事。

退步，是为了进步/169
缺乏韧劲将一事无成/175
低调退守，明哲保身/181
精心盘算，不可莽撞行事/183
功夫在别处的高超技法/185
深藏不露，伺机而动/187
不拘一格，大胆创新/190
练好过硬本领，自有出头之日/192

立世：方圆处世，玲珑人生

方是做人之本，圆是处世之道。掌握了方圆处世，就能在瞬息万变的环境中进退自如，左右逢源。方圆人生，人生方圆。大事要方，小事要圆，掌握方圆之术，做人、做事就能驾轻就熟，无难可言。

处世有术，优游从容/199
灵活运用，因利制权/202
巧用“推”字诀，可达预期目的/206
不懂中庸，仕途难顺/208

凡事贵在“妥帖”/ 214
上下变通，左右逢源/ 217
巧妙应变，灵活自如/ 221
保官护官升官有道/ 226
舍弃一点，而求众多/ 229

立业：事业是人第二生命

要想成就一番事业，就要有坚持不懈、一往无前的勇敢精神，就像爬山一样，只有不畏劳苦，勇于攀登的人，才有希望达到人生的顶峰。当机遇来临的时候，要牢牢把握，坚持永恒的成功信念，这样就能创造出完美成功的人生。

要善于开发新领域/ 235
借势成事/ 237
要善于成功地推销自己/ 240
“贵人”往往也是成功的捷径/ 242
关键的机遇一定要把握住/ 244
不把自己的事业维持在一个人身上/ 247
调整自我来适应时代发展的需要/ 250

立志：

志向成就未来

要想成就辉煌的事业，就必须首先确立远大的志向。立志就等于成功了一半，只有立志才能激发人的进取心，才能产生奋发向上的动力，一切事业的成功与失败都取决于此。

一鼓作气，志在必得

无论你心中做何考虑，都应有敢于寻根问底的精神，这样才能达到目标。刘墉是如何做的呢？他在任湖南巡抚时，适逢乾隆查禁“违碍书籍”，刘墉作为督抚大员参与了这项活动。特别在尹嘉铨（官至大理寺卿，正三品）为父请谥并从祀文庙案中，刘墉即依据军机处开列的尹嘉铨著作书目，在湖南展开了大规模的搜缴活动。

乾隆四十六年（1781），全国范围内的文字狱高潮本已开始出现回落，但直隶却风波再起，发生了一桩让人十分费解的大案——尹嘉铨著书案。

这年三月，乾隆帝巡幸五台山，在回京的路上，停留保定。退休家居的原大理寺卿尹嘉铨趁机递折为其父尹会一请谥，并请皇帝准许尹会一从祀文庙。尹嘉铨无论如何也想不到，此举竟招至了杀身之祸。

尹会一究竟是何许人物呢？他出生于直隶博野县，乾隆初年任河南巡抚，官场中有比较好的声誉。他又是雍乾之际讲道学的名人，曾写过不少论述理学的著作。此人尤以纯孝著称，为官时凡有善政，必定归功于母亲；回乡家居，就连搞一些设义仓、置义田、兴义学之类的慈善事业，也要说成是母亲的授意。母亲去世的时候，尹会一已年过五旬，仍然头枕土块，躺在席子上睡觉，严格按照所谓“寝苫枕块”的居丧古礼，人们非常敬畏。当时人都认为他与康熙朝三位讲道学的名臣——陆陇其、汤斌和张伯行不相上下。

从小生活在这样一个道学家父亲身边的尹嘉铨，耳濡目

染也跟着讲起道学来。长大后步入仕途，把承接道统作为己任，得意时甚至宣称自己是孟子后身，直接孔子真传。尹嘉铨在官场中没有发展，恰恰在于他总是不忘大讲道学，而当时讲道学与“圣意”不合，有悖于时代的潮流。偏偏这个尹嘉铨吃不透时尚，退休还乡之后仍一味醉心于做个道学家。这次借乾隆翠华西幸，车驾途经故乡，便恭恭敬敬缮具两件奏折，让其第三子候选教谕尹绍淳送到保定行在。

三月十八日，乾隆先看了他的第一件奏折。尹嘉铨在奏折中说，家父生前孝行感人，承蒙皇上赐诗夸奖，现已离世三十余年，请照乾隆元年特谥陆陇其“清献”二字之做法，按御制诗内字样，也赐家父一谥。尹嘉铨当时想的是，为父请谥，成则博孝子之名，即或不准，也不会因此而得罪。这点私心未能瞒得过乾隆，他平素对道学家的好名就颇不以为然，对假道学更是嗤之以鼻。大臣死后该不该赐谥，赐什么字为谥，是一件十分郑重的大事，毕竟它关乎死去大臣一生应做何评价，所以须由内阁议定撰拟，皇帝亲自圈定。如果尹嘉铨为博取孝名而请谥，那还成何体统？想到这里，乾隆提起朱笔在尹嘉铨奏折折尾写道：“与谥乃国家定典，岂可妄求？此奏本当交部治罪，念汝为父私情，姑免之。如再不安分家居，汝罪不可免矣！”

未料到尹嘉铨还有一折！这个折子先以本朝陆陇其一人从祀文庙开篇，然后引出家父生前曾有汤斌，亦应从祀的心愿，到结尾才指出，不仅汤斌，而且范文程、顾八代、李光地、张伯行也都在汤斌之亚，还有家父尹会一，也统通应请准一同从祀孔庙。乾隆读到这里，龙颜大怒，在尹折上奋笔疾书：“竟大肆狂吠，不可恕矣！”

乾隆当天即召见军机大臣等，将经朱批的尹嘉铨的两个

折子交给他们，同时做了如下的指示：革去尹嘉铨顶戴，立即锁拿解京，交刑部治罪，查抄其博野原籍赀财，还有北京家产。乾隆帝还特别交代：查抄时资产物件尚在其次，如发现狂妄字迹、诗册及书信等务须留心搜检，据实奏出。

军机大臣得到旨意后立即办理。首先传谕直隶总督袁守侗派出臬司郎若伊等前往博野逮捕尹嘉铨，办理查抄事宜，其次拟写两份上谕：一是“明发”，通过内阁传谕中外通述尹嘉铨治罪的原因；二是“廷寄”，命令在京大学士英廉“即速亲往严密查抄”尹嘉铨在京家产。以上两件旨稿由乾隆帝亲自审核后，一件发交内阁，一件由兵部封发，并当作“日行六百里”的急件，星夜驰送北京。

三月二十日，未等天明，大学士英廉便执行从军机处寄来的谕旨。按照旨意，他把书籍信件作为查抄的重点。从二十日到二十二日用了两天时间，在尹家诸屋中共查出书三百十一套、散书一千五百三十九本、未装订书籍一柜、书板一千二百块，以及书信一包共一百一十三封。英廉把如此之多的书信集中到一间大室之中，专门委派两名“曾查办过书籍之事”的翰林详细搜检其中的“狂妄字迹”。

三月二十七日乾隆回銮圆明园，次日大学士三宝等会同刑部开始审问尹嘉铨。从审讯的重点中，人们逐渐了解乾隆发动这桩大狱的原因。

原来，乾隆要剥掉尹嘉铨的道学外衣的目的，是让他把狐狸尾巴露出来，并不是反对道学。对于提倡三纲五常、维护帝王独尊的道学本身，乾隆是不会反对的，岂止不反对，称得上尊崇备至。不过仅仅尊崇而已，却不允许大小臣工效仿程、朱、陆、王，也大讲道学。他从历史经验中知道，讲学之风一开，最终就会危及帝王的统治。宋儒明儒聚众讲学，

好发议论，议论不同则分门别户，门户之争就会引发朝臣朋分角立，朋党互相水火，党同伐异，则不以皇帝的是非为是非，结果小则紊乱朝政，严重时还会倾覆宗社。

基于此，乾隆得出了这样的结论——“古来以讲学为名，致开朋党之渐”，因而在打击朋党的政治斗争中，大力压抑讲学之风。他训诫大小臣工、读书士子对道学只要埋头潜修、躬行实践就可以了。所以当时谁要以道学先生自居，大讲道德仁义、修身养性，轻则受到社会舆论的嘲讽，重则招致祸殃。尹嘉铨却出人意料地冒了出来，自己讲学倒还罢了，又不知天高地厚地奏请皇帝尊崇一大堆不伦不类的道学名臣，试图煽起讲学之风，乾隆如何能不赫然震怒？他命官员从假道学一路问下去，寻要究源，不在于把一个尹嘉铨搞臭，而是以此败坏一切讲道学人的声誉，防止因学术见解不同而使朋党死灰复燃。

值得一提的是，尹嘉铨如果仅仅是假道学，还不至于被问成大逆不道之罪，这不要紧，负责查阅书籍的翰林们还从尹嘉铨所著各书中查出“狂妄字迹”一百三十一处。恭呈御览后，乾隆认定下面几条最关紧要，授意承审大臣严加审问。

第一，尹嘉铨在其著作中写道：“朋党之说起而父师之教衰，君安能独尊于上？”在他看来，朋党往往以门生与座师的关系为纽带联系在一起，反朋党的结果势必削弱“父师之教”，反而不利于皇帝专权。乾隆帝断定他有意和皇考世宗（雍正帝）的《御制朋党论》唱反调，况且“古来以讲学为名，致开朋党之渐”，尹嘉铨主张“父师之教”，提倡讲学，反以朋党为是，不知是何肺肠？

第二，尹嘉铨仿效南宋朱熹的《名臣言行录》，也编一本《名臣言行录》，把清初以来的名臣像高士其、高其位、鄂尔

泰、蒋廷锡、史贻直、张廷玉等人都收入其中。乾隆帝认为，以本朝人标榜本朝人物大不正常，列入名臣的，他的子孙自然感激，未能列入者，他的子孙就会抱怨，一旦结为恩怨，门户、朋党之风就会应运而生。此外，朱熹编《名臣言行录》适逢宋朝南渡衰微之时，而今国家全盛，乾纲独断，哪来“奸臣”和“名臣”这个说法。乍听起来很令人费解，细细品味又不难明白乾隆帝的用意：朝廷上有奸臣擅政，自然反衬皇帝的昏庸无能，若有名臣，也证明皇帝不很够格，未能大权独揽，所以还得由名臣来辅佐。

第三，尹嘉铨在所著书籍中把大学士、协办大学士称为“相国”，这原本是当时人们习惯用的说法，无关宏旨，乾隆帝却挑剔说，宰相之名自明太祖时已废置不用，本朝自皇祖（康熙）、皇考（雍正）至朕亲政四十六年以来，太阿在握、权柄不移，有哪件事曾依靠大学士的襄赞？他还通过这件事郑重告诫后代子子孙孙，都要以他为榜样，不许倚靠他人的帮助。

在尹嘉铨的著作中，乾隆还挑出不少问题。像尹嘉铨模仿孟子“为王者师”的说法，在书中记载有“为帝者师”四个字，乾隆嘲笑他学识浅薄，让大臣们评论，尹嘉铨“能为朕师傅否”？尹嘉铨自称“古稀老人”，“古稀”二字出自杜诗“人生七十古来稀”，不是帝王的专利，不巧乾隆也恰逢七旬大寿，自诩“古稀天子”，又写了《古稀说》诏告天下，把“古稀”垄断了。年逾七十的尹嘉铨不知眉高眼低，也冠以“古稀”，结果被斥为“妄”。像这样的莫须有罪名还有许多，不过是为杀尹嘉铨多找些冠冕堂皇的借口罢了。乾隆四十六年四月十七日，大学士、九卿等在反复审讯后，奏请将尹嘉铨照大逆律凌迟处死，亲属照律连坐。理由是他“妄比

大贤，托名讲学，谬多著述，以图欺世盗名，又欲妄列名臣，是非颠倒，隐启朋党之渐，并且妄称‘古稀老人’，种种狂悖不法，实堪切齿”。

乾隆命加恩把凌迟改为绞立决，并加恩免其亲属连坐。同时命各省查缴销毁尹嘉铨著述共八十二种，他在各地的碑崖石刻及拓本也全部铲削磨毁。各省查缴销毁尹嘉铨文字作品的工作，从乾隆四十六年三月开始，到当年十二月才告一段落。

刘墉正是按军机处罗列的尹嘉铨著作书目，在全省范围内开展了大规模的搜缴活动的，只不过他搜查的范围比上述的八十二种更广一些。根据他在乾隆四十六年九月所上《奏为重缴应毁遗书事折》，他这一次上缴书多达一百五十九种共三千四百余部，并表示“现加意查缴，以期净尽，此后如有续缴书籍，照旧校阅解缴”。并称“湖南省志及府州县志书悉经磨勘，凡应行芟节之处，俱逐条删削抽换另刊”。

不难看出，刘墉在乾隆大规模大范围查缴、销毁所谓“违碍”、“悖逆”书籍活动中，承风秉旨、尽职尽责、竭诚效忠于乾隆，积极贯彻其文化专制政策，参与实施打击文人学士的一系列恐怖活动，才留下了无法推脱的罪责、无法弥补的历史遗憾。

[成功关键]

这里所说的一鼓作气，是指一定要把棘手的问题搞得明明白白，这种办事的方法往往是见效极快，但是常会招至许多矛盾。而不怕矛盾的人，是令人尊敬的。

先求稳，后谋攻

刘备平定益州的第二年，也就是建安十五年，曹操对汉中的张鲁采取了军事行动，刘备立刻派出大量的情报人员密切关注北方军事情势，并把张飞及马超两位战斗经验丰富的大将，调往益州北部，加强本地区的防备工作。

以后不久，孙权的特使诸葛瑾，到益州晋见刘备，要求归还荆州。

刘备在陷入益州军事僵局时，孙权差人召回其妹孙夫人，还差点带走阿斗，这使刘备愤恨不已。但考虑到来者是诸葛亮的哥哥诸葛瑾，也是较同情刘备的东吴人士，只好敷衍一下道："等我们攻下凉州以后，自然会把荆州还给你们。"

诸葛瑾打内心里知道这是推托之辞，但不便强迫，只好将刘备的意思传达给孙权。

未料到，孙权听了大怒，命大将吕蒙率军袭击荆南的长沙、零陵、桂阳三郡。

获知军情后，刘备立刻将益州交给诸葛亮及法正，亲自率五万主力部队赶往荆州，进驻公安县指挥大局，并让关羽率荆州军团由江陵南下，直入长沙郡军事重镇益阳，以示强硬态度。

孙权也不甘示弱，他下令鲁肃由夏口南下益阳，准备和关羽硬碰硬，自己则进驻陆口，掌握军情变化，眼见双方联盟即将破裂，大战一触即发。

就在这紧急关头，传来北方陷于胶着状态的汉中战局，曹操已大获全胜的消息。刘备大惊，担心曹操趁势南下，益

州可能有变，遂主动派使者和孙权谈判，双方议定平分荆州，以湘水为界，湘水以东的江夏、长沙、桂阳三郡归孙权；湘水以西，南郡、零陵、武陵属于刘备，如此才让这场争战暂时缓和了下来，孙刘联盟也得以延续。

殊不知，就当时的形势而言，不仅刘备受到威胁，倘若汉中被曹操完全控制，紧接着东方的合肥战线也必然告急，孙权同样受到影响。因此孙刘联盟是相当重要的。

刘备的主力部队不敢回荆州，而是直接到达益州北方的江州巡视。此时张鲁已逃亡巴中，原益州参谋黄权上表刘备，汉中已失，巴东、巴西、巴中三郡便难以有效防守，三巴一旦陷落，犹如去掉益州的胳臂，情况将更为不利，所以不妨和张鲁联合，紧守巴中，以对抗曹操大军之南下。刘备立刻命黄权为护军，率军北上迎接张鲁。

始料未及的是黄权刚到巴中（今嘉陵江上游），张鲁已辗转回南郑，并正式向曹操投降了。

黄权即对三巴采取攻势，逼走曹操所任命的巴东太守朴胡、巴西太守杜沪和巴郡太守任约，巴中完全控制在刘备军营之下。

此时曹操也出兵经营三巴，并进驻岩渠。刘备责令巴西太守张飞率军迎战，双方对峙近两月，张飞用计击溃了曹军，曹军兵败后回到南郑。表面上三巴暂时稳定下来，其实更大的一场战争，还在快速地酝酿中，刚获得休息的刘备与他的军团，又不可避免地卷入了一场和北方曹操展开的汉中争霸战。

[成功关键]

一个人如何才能获得“稳”字诀，这是一门很深的学问。

益州初定，诸葛亮忙着稳定中央的人事和法制，刘备则时不时到州中各郡巡视，以便对益州做最为有效的控制。但最让刘备和诸葛亮担心的是东方的孙权和北方的曹操。成大事，须求稳，立志也须在一个“稳”字上做扎实。

立志是成大事者的资本

关于立志，刘伯温有一段经典的话：

“夫志当存高远。慕先贤，绝情欲，弃凝滞；使庶几之志，揭然有所存，恻然有所感。忍屈伸，去细碎，广咨问，除嫌吝……若志不强毅，意不慷慨，徒碌碌滞于俗，默默束于情，永窜伏于凡庸，不免于下流矣！”

倘若立志不坚定，没有持久的信心，思想信念不果断勇敢，盲目地受限于忙忙碌碌的世俗之中，悄无声息地被束缚在情欲之内，长期处于庸俗低下的小圈子里，那就难免于低级下流了！

刘伯温的《郁离子》，值得一读。这是他修养成“高人”的经验之谈。他日理万机，无暇去论个人修养问题，只是百忙中抽空暇为子侄甥儿辈敲关抓节般指点一二。没有废话，但说的全是要领。简单地说，全文有下列几个要点：志存高远，追效圣贤，绝欲弃滞，领受顿悟，忍去广除，志强恒毅，思念慷慨，出低拔俗，超脱下流。这不失为一套成功的仁人志士的修养经，好多地方透露出“超人”的观点。

俗话说：名师出高徒。难以想象，糊涂庙里能供奉聪慧的神灵，糊涂庙里只能有糊涂神，这才合常理。刘伯温被朱升誉为“天下奇才”。

这个“奇”字，也不是空穴来风，而是除个人拼搏、努力、聪明、善于学习外，还有好的师承因素。他的优秀的启蒙老师是庞德公、司马德操，军事老师为酆公玖，而教他天文地理等的教师是当时脱离红尘的一代高人北极教主。如此才能正确解释刘伯温所以成为“天下奇才”的真正奥秘。

有超人之志，方有超人之行，方求超人之师，方得超人之智，方成超人之才。言超人者，不过是超平常人之所行也。平常人，吃、喝、玩、乐，六欲七情缠身，八姨七姑宴请，酒肉宾朋满座，终日花天酒地，又岂能成才？欲做超人者，就要克制欲念，弃烟废酒，抓紧一切时间修身养性做学问。“通往成功勤和苦，修养品德俭与廉。”

据载，刘伯温在向北极教主学习天文地理呼风唤雨撒豆成兵的神学知识时，是颇费了一番苦心的。北极教主乃一代高人，平生所学，不轻易传授他人。虽有酆公玖先生大荐，他也要对刘伯温进行严格考验。原因是我国古代教育，得先知道被教育者的心性，然后决定弃取与因材施教。

刘伯温是如何做的呢？他先是长跪不起，表明其诚意。心诚则灵，北极教主稍为之动。接下来就是体能考验：采黄精。“惟刘伯温虽年小而所采最多。”

北极教主暗暗思忖道：“此子可教。”于是，就把他留了下来。在北极教主那里，刘伯温付出了非常人所能及的刻苦努力，表现了异常优良朴实的品质与天才。如此才真正打动北极教主，决意教他成才，倾其所知，罄囊而教。因此，有名师的指点，再加上个人的刻苦与天才条件，才能铸造出出类拔萃的人物来。刘伯温就是如此成才的。不经一番寒彻骨，怎得梅花扑鼻香。十年树木，百年树人；十年磨一器，廿年磨一人。杰出人才之成，岂易事哉！

由此可见，刘伯温的《郁离子》，立意高远，开篇第一句“夫志当存高远”立即破题亮出观点。其后各句，都是至关重要的纲领条件，为成才所必要，其实都有具体内容在其内涵中。所以，我们可以说《郁离子》的思想内容含量是相当高的。这些高度概括的东西，是刘伯温结合自己的人生经历与古圣先贤的光辉经验，取其精华读书实践自然糅合而成的。

“自己损害自己的，不要和他交谈；自己放弃自己的，不能和他交往。”孟子如是说，说话无礼不讲道义，这就是人们所说的“自暴”；做事不仁不义，这就是人们所说的“自弃”。安于现状的人，自己安心于笨拙，不思改变，所以说自暴自弃的人，不值得与他谈论事理。如果不甘心笨拙，勤奋学习而且努力实行，期望能到达知识广博的境界，那么“我想要仁，就达到‘仁’了”，又怎么会有志向而事情不成功呢？刘伯温把立志看作是改变气质的金丹良药，而梁启超也说他“一生最为可贵的立志不流于俗人”。这正是说他得到了根本。

在谈及为什么能有一番作为时，刘伯温说：“真正的君子圣人的做法，在于忠诚，并且以忠诚倡导天下。世风日下的原因，是由于从上到下充满了各种坏的欲望，奸人和伪君子的危害，他们畏惧灾难，四处逃避，拒绝为拯救天下做点事情。于是那些忠诚的人站出来改变这些坏的现象，克制自己的欲望去关心他人，提倡忠诚，反对邪恶，挺身承担各种困难，并不要求别人一起来担当这个困难，慷慨地捐献财物和献出生命，就像出远门的人回到乡里一样无所顾忌、无所保留。于是人人都仿效他们的行为，都把苟活看作是非常羞耻的事情，躲避是可耻的行为。我们的君子们之所以能够鼓舞众人，历经九年而平定大乱，除了他们的忠诚还有什么呢？”

这里所说的“忠诚”也就是一种超凡脱俗的高雅之志。

[成功关键]

“志”可决定一个人在人生的道路上能走多远。一般而言，志气越大的人，就越不容易被困难和挫折打败。古往今来，立志是成大事者最为看重的成功资本。

把主要精力放在关键问题上

东汉时，光武帝领大军攻打高峻据守的城池，一直攻不下来。他只好改变策略，派寇恂带着自己的手谕前去招降。寇恂要求与高峻见面。高峻便派他的军师皇甫文与寇恂会谈。会谈中，皇甫文始终傲慢无礼，拒绝投降。寇恂非常生气，声称要杀掉他。谁料皇甫文以为寇恂不敢这样做，态度越加强横。大家也都劝说寇恂：“皇甫文是来谈判的，自古两军交战，不杀来使。”但寇恂不听，还是把他杀了。

寇恂让皇甫文的随从捎话给高峻：“你的军师无礼，已被我杀了。你愿意投降就快点投降，不愿意投降就坚守吧。”大家以为寇恂在说气话。没想到当天高峻就自己打开城门，前来投降。

大家百思不得其解，问寇恂：“为什么杀了高峻的来使，他反而就主动投降呢？”寇恂回答说：“高峻是个没有主意的人，全倚仗皇甫文为他出谋划策。我见皇甫文根本没有投降的意思，如果放回他，他仍会与高峻负隅顽抗，现在杀了他，高峻就丧失了主心骨，难以再坚守了。这就是高峻主动投降的原因。”

由光武帝多次发动大军都没能把高峻的城池攻破这一情况，可以断定高峻守城的兵将不在少数，可谓实力之强。根据高峻他们当时的态度，即使消灭他千八百人，他也不会皱一下眉头。然而，寇恂来了之后，仅杀了他一个军师，高峻就自己打开城门，主动前来投降。由此看来，这一颗人头抵得过千军万马。

为什么军师皇甫文的这颗人头就如此重要呢？寇恂又为什么能挖掘出他这颗人头的“价值”呢？这是由于寇恂明白这样一个道理：解决了关键问题，其他问题就好办了。

诗人杜甫有诗云：“挽弓当挽强，用箭当用长。射人先射马，擒贼先擒王。”在这里诗人用通俗明了的诗句揭示出一个普通而又深刻的韬略：在战争中要抓住主要矛盾，抓住关键，即“摧其坚，夺其魁，以解其体”。虽然皇甫文不是叛军的“王”，但他是“王”的精神支柱，是关键所在。

在现代商业竞争中，更应如此。经营者作出某种决策时必须准确把握和妥善解决主要问题。比方说日本索尼彩电虽是本土市场上的拳头产品，颇受消费者青睐，但在大洋彼岸的美国，却成了一种无人问津的“杂牌货”。索尼公司的国外部部长卯木肇先生认识到，如果索尼彩电能打入芝加哥最大的电器销售商家马西里尔公司，那么也就相当于“擒”住了美国电器市场的“王”。卯木肇凭借他的智慧和韧性，获得了对方的许可，试销几台后，马西里尔公司的经理觉得利益尚可，于是在销售旺季中订购了一批索尼彩电。经过一个圣诞节，短短一个月内竟销掉了70多台。

由于“擒”住了马西里尔公司这个“王”，芝加哥地区100多家商店也就纷纷主动要求经销索尼彩电。不到三年，索尼彩电在芝加哥市场的占有率就上升到35%，在美国其他城

市的销路也自然很快就打开了。

意大利经济学家帕累托（1848—1923）发现了一个有趣的现象：那就是英国20%的人口掌握着80%的财富。人们把这个发现称为“帕累托效应”，又叫“二八定律”。类似的现象在生活中举不胜举：80%的业绩，是20%的员工创造的；80%的交通事故是20%的司机造成的；80%的利润，是20%的时间做出的。

“二八定律”告诉我们，解决问题不能只是平均用力，要把主要精力放在最为关键的问题上。

“二八定律”对我们的工作和生活大有裨益，比方说，企业营销部门要格外注意维持自己的老顾客，因为少数老顾客带来了大半的经济效益；科学支配你的时间，用大部分时间去做少数重要的事；交友一定要慎重，因为你认识的人当中，绝大多数是泛泛之交，要把精力放在重要的人际关系上，珍惜你的关键盟友。

[成功关键]

“二八定律”启发我们，生活带有不均衡性。解决问题不能平均用力，应把主要精力放在关键的事情上。要以80%的精力，完成20%最重要的事。

目标要分段实施

战国时，七国鼎立，秦国的国势慢慢强大，经过几代国君的努力，终于在秦始皇手上灭了六国，统一了全国。秦国以一国之力除掉六国，这是一项多么大的事业！

政论家贾谊在《过秦论》一文中，记载了秦国自孝公以来发愤图强的过程，我们从中可以发现秦国发展壮大的轨迹。秦孝公在商鞅等一批大臣的辅佐下，“内立法度，务耕织，修守战之具，外连横而斗诸侯”，取得了魏国在黄河以西的土地。

孝公死后，惠文、武、昭襄三代国君又南取汉中，西举巴蜀，并积极向东扩展，诸侯们恐惧万分。六国多次合纵抗秦，但步调难以统一，均成效不大，最后多是以割地赂秦而告终。

秦始皇登基后，灭亡六国的大幕正式拉开。他先从最弱小的韩国入手，然后由近至远，从南往北；先三晋，再荆楚，再燕齐，最终完成统一大业。

虽然说完成统一大业的是秦始皇，其实这项工作早就开始了，秦国的历代先君都在为秦始皇打基础。为了完成统一六国这个大目标，就要先达到一个一个的小目标，大事业就是这样做成的。

现实生活当中，我们经常要面对艰巨的任务或远大的目标。不应有畏惧情绪，我们不妨把大目标分解成若干个小目标，然后逐个实现，不知不觉间，刚开始的那个大目标就实现了。

曾两次获得马拉松世界冠军的日本人山田本一，在人们问及他的经验时，他介绍了自己“分阶段实现最终大目标”的经验。

在每次正式比赛之前，山田本一都会乘车沿马拉松路线从起点到终点仔细看一遍。然后，自己筹划一下这40多公里该分几段，每段应该跑多快速度，确定一下每个阶段终点的明显标志在哪里，是教堂、大饭店、大银行，还是红房子、

电视塔等。开赛枪声一响，他就如同箭在弦上，以超过预期的速度奔向第一阶段大目标，到达第一目标后，以第二阶段规定速度奔向第二目标。40 多公里的马拉松全程被他划分为 10 多个小段，规定了每个小段的最低速度。就这样他便可以轻松地跑完全程。

[成功关键]

无论多么艰巨的大目标，只要你能把它分成容易实现的小目标，你就可以获得实现大目标的信心和力量！

稳扎稳打，步步为营

宋太祖赵匡胤黄袍加身以后，最大的目标是尽快统一天下，做一个名副其实的天子。由于五代以来长时间的混乱，天下早已四分五裂，宋太祖运用谋略夺得的皇权，其势力只限于后周原来的地盘，东至大海，南至长江，西至秦陇，北邻河北。在其周围，还存在着多个称帝称王的割据政权。如南方有南唐、南汉、吴越、武平、南平，西边有后羌、蜀、西夏。在北宋的管辖范围之内，还由十几个节度使分别管辖。

面对如此多的对手，赵匡胤不可能同时出击，他只能选择形势最紧迫的事情先办，挑对自己威胁最大的对手最先解决。而当时最令赵匡胤担心的，是在山西地区的昭义军节度使李筠，和在江苏与安徽一带的淮南军节度使李重进。昭义军主要在山西，依据太行之脊，正好对开封一带居高临下。它的战略意义还在于，正好处于宋和北汉之间。双方谁占据了它就等于取得了对另一方的主动权。而东南的淮南军对宋

来说正对着腰眼。

淮南军控制着江苏、安徽、湖北的 11 个州，对处于中原的宋来说，形成一个由东到南的半圆形包围圈。而且这一地区的最大特点在于地势平坦，没有任何的险要可守。一旦昭义军与淮南军联手向位于开封的宋都进攻，那么赵匡胤的皇位就要得而复失了。因此，赵匡胤的目标最先定在他们两个身上。

究竟先对付谁呢？李筠性格刚烈少谋，而李重进少谋寡断。赵匡胤制定的大方针是采取各个击破，唯恐二者联合。所以他以迅雷不及掩耳之势消灭躁进的李筠，并尽量稳住李重进。在李重进犹豫未决时，再回过头来收拾他。

建隆元年（960），李筠起兵，北联北汉皇帝刘钧，南结淮南军李重进。由于李筠办事疏漏不缜密，起兵前没有做扎实细致的准备工作，和北汉的联盟松散而又彼此猜忌，结果北汉援军反倒成了不安因素。赵匡胤按原定计划果断出兵镇压。对李筠一战的关键是快，在其他节度使还没来得及反应前就得消灭他。

因此，赵匡胤命将士抄小路日夜兼程。他自己在崎岖的山路中甚至下马，让坐骑驮石开路。宋军以惊人的速度出敌意料地占领了有利地形，很快平定了叛乱。但对付李重进，关键在于拖，利用他优柔的性格。赵匡胤又是赐免死金牌，又是派内应稳住李重进，让他大吃定心丸。等他下定决心起兵时，已经错过了和李筠合兵的机会，最后也被宋军消灭。

平定了内部反抗势力，赵宋王朝得以初步巩固。因而统一全国的问题，被提到了赵匡胤的议事日程当中。当时北方是辽国，有很强的实力，而南方割据小国虽多，但政

权腐败，实力弱。赵匡胤决定从易至难，北守南攻，待取得南方雄厚的人力物力资源后，再集中力量对付北面的强敌。

赵匡胤在十多年时间里，陆续削平了南方的割据政权。最后才讨伐北方的北汉和辽国。虽然北汉不是在他手下灭掉的，但他为太宗创造了很好的基础。

巨人集团的史玉柱失利以后，又靠“脑白金”进军保健品行业，前后只用了短短几年的时间，就东山再起，成为商界的神话。他做“脑白金”时没有多少资金，先在一个县做销售，打开市场，积累了一点资金后，再做一个省；最后再扩展到全国。如此稳扎稳打，步步为营，一个商界的巨人又应运而生了。

[成功关键]

做事情先从简单的、便于把握的入手，先易后难，循序渐进，不可过急。如果一上来就要先做没把握的事，可能开场时就会被淘汰出局。赵匡胤面对周边的众多敌人，如果一上来就从最强的辽国下手，很可能以失败告终。

做决策前一定要先做调研

昆曲《十五贯》盛名远扬，里面讲的是关于苏州知府况钟断案的事。这位况钟，就是历史上有名的清官。

明宣德五年（1430），况钟担任苏州知府一职。当时苏州府的赋役繁重，豪族官吏更是营私舞弊，弄得苏州怨声载道。况钟到任，第一次升堂办事，府衙官吏们就拿出一大堆公文

来请他处理，况钟则假装什么都不知道，左右请教，并一一按照他们的意见办理。这样一来，府衙的官吏们十分高兴，以为这个新来的知府是个糊涂虫。三天后，况钟把府衙的官吏们召集起来，厉声训斥说："那天我第一次升堂，我什么事都征求你们的意见。你们好坏不分，该办的事阻止我，不该办的事偏让我按你们的意见办。你们这些家伙，长期以来，就这么营私舞弊吗？按理你们早该处以死刑了。"

说完，把几个为首的奸吏揪了出来，当场处以极刑，并把那些贪虐庸懦者全都斥退。这一事件震动了苏州上下，此后，官吏和老百姓，人人安分守己，吏治清明。况钟在位期间，兴利除弊，不遗余力，苏州百姓称赞不已。时刚到苏州任职，对这里的情况不了解，所以先保持低调，让那些奸佞放松警惕，他则暗中了解情况。在做了充分的调查研究之后，他处理问题稳、准、狠，对奸吏起到了极大的震慑作用。

做出重大决策之前，一定要先做调研。春秋时鲁国的"曹刿论战"就是一个很好的例子。齐国攻鲁，曹刿借机为国效力，他去见鲁庄公，问庄公准备以什么抵抗齐军。庄公说自己一向有什么好吃的好穿的，总是与大家一起分享，人缘还不错。曹刿说这点小恩小惠，不足挂齿。庄公挺不好意思，称说自己从不忘祭祀神灵。曹刿又说，这等事上就别提神鬼的事了，神现在帮不了您的忙。

庄公接着说，遇到百姓吃官司的时候，自己都竭尽所能把事情处理得合情合理。曹刿这才点头，说这倒是件得民心的事，可以与齐国一战。

这里曹刿做的就是战前的调研，弄清楚庄公的民众支持率怎么样。不过他的调研在今天看来很粗放，没有数据分析，无法量化，现在的调查公司比他要专业得多了。

在20世纪50年代，美国出兵朝鲜之前，除了美国兰德公司对这次战争进行了战略预测之外，欧洲一家名叫德林的公司，倾其所有，花巨资聘有关专家研究了有关朝鲜战争的问题。经过大量研究论证，该公司得出如下结论：如果美国向朝鲜出兵，中国也一定会出兵；若中国出兵，美国必然会失败。

这一研究报告的主要结论只有寥寥几字：“中国将出兵朝鲜”，但附有380页的研究报告。在朝鲜战争爆发前8天，德林公司试图把这一研究成果以500万美元的价格转让给美国对华政策研究室，但美方以价码太高为理由而没买。但嫌贵的后果是什么呢？正如我们后来所知道的那样，美国盲目出兵朝鲜，中国也派出了志愿军抗美援朝，结果美军惨败。

朝鲜战争结束后，美国人为了吸取教训，仍然花280万美元买下了德林公司的这项研究成果。

现代大型跨国企业在进入一个新的市场或是实施一个新的项目之前，总是会花费巨资进行市场调研、可行性评估、总体策划等前期准备工作。尽管前期耗资巨大，可随后的发展便往往是一马平川了。反而我国的一部分企业，为了省钱而少做甚至不做前期调研，只凭感觉做决策，结果在发展过程中遇到了重重困难和阻碍，导致进退两难。因而得出：该花的钱不能省！

[成功关键]

成功在很大程度上取决于正确的决策，做重大决策之前，一定要先做调研。为了省钱而少做甚至不做前期调研，只凭感觉做决策，结果在发展过程中遇到了重重困难和阻碍，导致进退两难。因而得出：该花的钱不能省！

眼光决定成就的大小

西汉高祖十一年（前196），中大夫贲赫上疏说淮南王黥布造反。高祖派人查实后，召集诸侯问道：“黥布谋反，怎么办？”众诸侯答道：“发兵将他小子灭了，还能怎么办！”汝阴侯滕公私下问他的士客薛公说：“皇上分地封他为王，赐爵让他尊贵，面南而称万乘之主，他为什么谋反呢？”薛公说：“他应该反！皇上前年杀彭越，去年诛韩信，黥布与此二人交往甚密，自知祸将及身，这才谋反。”滕公对高祖说：“我的士客楚国令尹薛公，其人有谋略，可以问他。”高祖于是召见薛公，请求对策。

薛公即为高祖分析形势，他说：“黥布谋反并不足为奇。黥布有三计，如果用上计，山东之地就不是汉朝的了，用中计，则胜负难以预料，用下计，陛下可以高枕无忧。”高祖问：“上计怎么讲？”薛公说：“东取吴，西取楚，北取齐鲁，传檄燕、赵，然后固守，山东之地即非汉所有。”又问：“中计怎么讲？”薛公说：“东取吴，西取楚，吞韩取魏，据敖仓之粟，塞成皋之险，则胜负难料。”又问：“下计呢？”回答说：“东取荆，西取下蔡，以越为后方，自己占据长沙，则陛下可以安枕而卧，汉朝无事。”高祖说：“那黥布会用哪一计？”薛公说：“黥布曾是骊山的役徒，而今为万乘之君，他只会保身，不会为天下百姓考虑，所以会用下计。”高祖称赞道：“好！”于是封薛公为千户，亲自率军东击黥布。正如意料中那样，黥布用薛公说的下计，东击荆，荆王刘贾死于富陵（今江苏洪泽县西北），劫其兵，渡淮水击楚，大败楚军，

然后西进。与高祖兵在蕲（今河南淮阳县）大战，汉兵击破黥布军，黥布渡淮水而逃，后携百余人逃至江南，被人杀死。

虽然薛公把黥布看扁了，但他看得非常准。黥布果然胸怀不大，鼠目寸光，手下又缺少出色的谋士，成不了什么大事。

常言道，思路决定出路，眼界决定境界，这话说得一点都不错。倘若想让自己的事业更上一层楼，就要站在更高的地方，多看，多听，多接触新事物。不转变观念，就会被淘汰，在这个飞速发展的时代，绝对不是危言耸听。

20 世纪 90 年代初，新希望集团的刘永好与大邱庄的禹作敏曾有过多次接触。一次禹作敏问："永好啊，我不明白，你在全国办那么多厂，你是如何管理的？我在外地办工厂都不景气……"刘永好说："我没调查，还不好说，我需要看一看。"

回来之后，刘永好一个最基本的感受就是：禹作敏在大邱庄待的时间太长了，以至于他在中央电视台讲大邱庄是世界上最好的地方，称大邱庄的小伙子要娶美国的媳妇，并说大邱庄的农业已经超过了美国……这就是导致他失败的根本点——眼界太小，成为坐井观天的青蛙。

[成功关键]

山外有山，人上有人。无论你现在是一文不名，还是富可敌国，你都应当看到世界上比你强的还有许多。只有始终保持一个宽广的视野，脑子里不断融入新东西，才能最终成就一番事业，立于不败之地。

立言：

这样说话最有效

话人人会说，但要说得好，说得妙，说得恰到好处，并非人人都能做到。语言是人与人之间沟通的桥梁，在社会交往中，掌握说话的技巧对于每个人来说是极其重要的。有些人说起话来头头是道，办起事来顺顺当当，就是因为他们懂得灵活变通，所以才会无往而不胜。

注意在言语上不得罪人

魏晋南北朝时，贺若敦为晋的大将，以功高才大自居，不甘心位于同僚们之下，心中十分不服气，口中多有抱怨之词。

此后不久，他奉调参加讨伐平湘洲战役，全军凯旋，这应该算是为国家又立了一大功吧。他原以为此次必然会受到封赏，不料由于种种原因，反而被免职，为此，他大为不满，怨言不断。

晋公宇文护知道后，十分震怒，把他从中州刺史任上调回来，逼他自杀。临死之前，他对儿子贺若弼说："我立志平定江南，为国效力，而今没有实现，你一定要继承我的遗志。我是因为这舌头把命都赔进去了，这个教训你不能不记住呀！"说完，便拿起锥子，用力刺破了儿子的舌头，想让他铭记这血的教训。

光阴似箭，岁月如梭，转眼就是几十年，此时贺若弼也做了隋朝的右武侯大将军，但他没有记住父亲的教训，常常因自己的官位比他人低而怨声不断，自认为当个宰相也不过分。不久，在他看来还不如他的杨素成了尚书右仆射，而他仍只是将军，未被提拔，着实使他气愤不已，不满的情绪和怨言便时常流露出来。

这些话传到了皇帝耳朵里，贺若弼被逮捕下狱。皇帝杨坚责备他说："你这个人有三个地方太猛：嫉妒心太猛；自以为是，自以为别人不是的心太猛；信口开河，目无长官的心太猛。"因为他有功，不久就被放了。但他还不引以为戒，又

对其他人夸耀他和皇太子之间的关系，说：“皇太子杨勇与我，情谊亲切，连高度的机密，也都对我坦言相告，言无不尽。”

后来杨勇失宠，杨广取而代之为皇太子，贺若弼的处境更加危险。

隋文帝得知他又在那里大放厥词，就把他召来说：“我用高颎、杨素为宰相，你多次在众人面前肆无忌惮地说：‘这两个人只会吃饭，什么也不会干，用意何在？’言外之意是我这个皇帝也是废物不成？”贺回答说：“高颎是我的老朋友，杨素是我舅舅的儿子，我了解他们，我也确实说过他们不适合担当宰相的话。”这时他因言语不慎、口无遮拦，得罪了不少人，朝中一些公卿大臣怕被牵连，都举报他过去说的那些对朝廷不满的话，并声称他罪当处死。

隋文帝说：“大臣们对你深恶痛绝，要求严格执行法度，你自己想想可有活命的道理？”贺若弼辩解说：“我曾凭陛下神威，率八千兵渡长江生擒了陈叔宝，希望能看在以往有功劳的分儿上，给我留条活路！”隋文帝说：“你将出征陈国时，对高颎说：‘陈叔宝被削平，我们这些功臣会不会飞鸟尽，良弓藏？’高颎对你说：‘我向你保证，皇上绝对不会这样。’是吧？等到消灭了陈叔宝，你就要求当内史，还要求当仆射。这一切功劳过去我已另行重赏了，何必再提呢？”贺若弼说：“我确实蒙受陛下格外地重赏，今天还希望格外地饶我条命。”此时他再也不攻击别人了。隋文帝念他劳苦功高，给他留了条活命，只撤了他的官职。隋炀帝时他又议论朝政得失，被杀。

父子两代人，同样是因言多而坏事，所以一定不要讲那些不该讲的话，以免招致不必要的祸端。

[成功关键]

常言道："好言一句三冬暖，冷语相向六月寒。"在与人相处中，处理不好人际关系的原因大多是因为言语不和。有的人不会说话，以致不经意间就把人得罪了。长此以往，就会失去朋友、亲人甚至最爱的人。因此，韬光养晦，必须注意在言语上不要得罪人。

做出承诺要慎重

承诺是对那些愿意与你合作的人提供回报的一种方式，有强迫性的承诺和阻吓性的承诺之分。强迫性承诺的目的在于促使某人采取对自己有利的行动，最通俗的例子就是诉讼中让被告摇身一变成为公诉方的证人。阻吓性承诺的目的是阻止某人采取对自己不利的行动，比如黑帮分子承诺好好照顾证人，只要他答应保守其组织的秘密。两种承诺也面临同样的结局，即一旦采取或者不采取行动，总会出现说话不算数的动机。

由此可见，你在做出承诺的时候，同样需要在一个必要的范围内做出。如果你的承诺超出了这个必要的范围，势必会被你的承诺拖累，因为一旦你的承诺影响了对方的行为，那么你就得履行你的承诺。当你开始真正地兑现自己的承诺的时候，你希望你做这件事所付出的代价越小越好，因而你在承诺的时候只需要达到这个最低限度就可以。这就是承诺的适度性原则。

三藩叛乱平定以后，为了加强对官吏的管理力度，康熙

多次下令举荐清官。对那些清官，他发现一个奖励一个，不仅口头称赞，还在其职务上不断提拔，倚重信任。于成龙是第一位得到康熙皇帝表彰的清官。

于成龙，字北溪，山西永宁人。顺治十八年（1661）被任命为广西罗城知县，当时已四十多岁。赴任前，他写信对朋友说："此行绝不以温饱为念，所自信者，'天地良心'四字而已。"罗城位于群山之中，盛行瘴疠，区城内有瑶、壮等少数民族杂居，遍地荒野，没有城郭。于成龙到任以后，抚慰吏民，申明保甲，"与民相爱如家人父子"，政绩被总督荐为"卓异"。康熙六年（1667），官至四川合州知府。此地正处战乱之后，州中只有百余人，赋仅有十五银两，"而供役繁重"。于成龙到任后，清革宿弊，召民垦田，给他们提供牛马及种子，一两个月后，农户增至上千家。康熙十三年（1674），于成龙被提拔为福建按察史，被荐为"廉能第一"。因政绩突出，康熙十九年（1680）被授命为直隶巡抚。康熙二十年（1681），于成龙入京觐见。康熙帝在懋勤殿亲自召见，称之为"今时清官第一"，勉励他始终如一，并要他大力举荐清廉官吏。几天以后，康熙又下诏曰："于成龙历官廉洁，家计凉薄，特赐白金一千两，良马一匹，给御制诗一首。"当年年底，于成龙升为两江总督，革弊除害，治理事务每至达旦。

在生活上于成龙极其简单，每天吃粗米、青菜，江南人将他称作"于青菜"。每遇荒年，只用屑糠杂米为粥，不仅自己家人食之，还用来待客，他说："如法行之，可留余米赈饥民。"于成龙的行为也招惹了一些达官贵人，他们上疏诬陷于成龙年老昏聩，但康熙并不理睬，对于成龙信任和倚重依旧。在康熙的鼓励和支持下，于成龙也更加注意严于律己，清廉

为政，两袖清风，他死后，几乎没有什么私人财产。康熙帝下令赐祭葬，亲自撰写祭文，称赞他自始至终保持着清廉作风，可做天下为官者的表率。以后，每逢康熙与其他官员谈话时，他经常勉励他们以于成龙为榜样，清廉为官。

在表彰清官上，康熙帝可算是煞费苦心的，他令大臣们推荐，亲自到民间体访，以求发现清官。在官吏的任用上，康熙帝深知善待清廉之官的重要性，因此不仅口头上予以表扬，物质上予以奖励，并且在仕途上还不断提升，体现了一个封建帝王整饬吏治的良苦用心，实属可贵。

当然所有这一切都是为了他的大清江山。康熙表彰于成龙的确是用心良苦。据说于成龙老来办事确有昏聩的表现，康熙作为一代名君，不可能没有觉察到，但是康熙为什么还要对于成龙褒奖有加？仅仅是康熙偏爱一个固执的白发老头？显然康熙是不会这么浅薄的。实际上康熙是另有所图。他要借助于成龙来向所有的大清官吏树立一个榜样：你们若能廉洁奉公，那么你们就能得到我的赏识。在今日看来，获得一个人的赏识是没什么了不起的。但是在封建时代，获得皇帝的赏识，这就完全不一样了，这意味着你身后就是仕途的畅通，再跟随官位的就是俸禄和名声的提高。康熙已经通过奖赏于成龙树立了这个榜样，但是这个榜样能否有效地影响整个官场，还需要榜样后面的承诺每次都能兑现。

[成功关键]

实施承诺策略先得明确承诺的内容，而最重要的是保证承诺是真实可信的。

言语上不露才智，不让他人忌讳

三国时，杨修在曹操手下谋事。杨修思维敏捷，聪明过人，但口关不严。

刘备率军打汉中时，惊动了许昌，曹操也率领40万大军迎战。曹刘两军在汉水一带展开攻势。曹操屯兵日久，进退两难，碰巧厨师端来鸡汤。见碗底有鸡肋，有感于怀，正思忖间，夏侯惇入帐禀请夜间号令。曹操脱口而出："鸡肋！鸡肋！"人们便把这作号令传了出去。行军主簿杨修即叫随行军士收拾行装，准备归程。夏侯惇大惊，忙请杨修至帐中细问。杨修解释说："鸡肋者，食之无肉，弃之可惜。今进不能胜，退恐人笑，在此无益，来日魏王必班师矣。"曹操听说后，怒斥杨修造谣惑众，扰乱军心，于是把杨修斩了。

原来，杨修为人恃才傲物，屡犯曹操之忌。

曹操此前造一座花园，建成后，曹操去观看时，不置褒贬，只取笔在门上写一"活"字。杨修说："门内添活字，乃阔字也。丞相嫌园门阔耳。"于是翻修。曹操再看后很高兴，但得知是杨修析其义后，内心已忌杨修了。又有一日，派人送来酥饼一盒。曹操写"一合酥"三字于盒上，放在台上。杨修入内看见，竟取来与众人分食。曹操问何以如此？杨修答说，你明明写"一人一口酥"嘛，我们岂敢违抗你的命令？曹操虽然笑了，内心却十分厌恶。

曹操怕被人暗杀，常对手下的人说，他好做杀人的梦，在他睡着时千万不要靠近他。一日他睡午觉，把被子蹬落在地，有一近侍赶紧拾起给他盖上。曹操一跃而起抽剑杀了近

侍，然后又上床继续睡觉。不久他起来后，假装问谁杀了近侍。大家告诉他事实后，他痛哭一场，命厚葬之。所以众人都认为曹操梦中杀人。此时，杨修却说："其实丞相并不在梦中，而被杀的人才是在梦中呀！"曹操开始越来越厌恶他。

终于，当杨修再一次自作聪明时，曹操找理由把他杀掉了。后人有诗叹杨修，其中有两句是："身死因才误，非关欲退兵。"

[成功关键]

每个人都有自己的秘密。如果你把他的秘密揭露出来，甚至公布于众，这无疑是让他难堪，找他麻烦。那样的话，他势必会生怨恨。当机会来临时，他很有可能找你麻烦。因此，我们在说话时一定不要显示聪明，犯人忌讳，且绝对不可以突破别人的底线。

含糊其辞藏智慧

李勣，曹州离狐人，是唐初的大将，本名徐世勣，后赐姓李，为避唐太宗李世民之忌讳而改单名勣。他早年加入瓦岗军，失利后投奔唐朝，人说"忠臣不事二主"，可李勣为降将，事二主却任右武侯大将军，封曹国公。唐高宗李治登位后，李勣任司空，在官场上仍得志。他的秘密在于做事谨慎，为人老练！

李勣起初在李密部下做左武侯大将军。李密后来被王世充打败，带领兵众去投奔唐朝。李勣依旧据有李密原来控制的10个郡。武德二年，李勣对长史郭孝恪说："魏公李密既

已归降大唐，这些郡的人口和土地，本是魏公所有，我如果上表献给大唐，那即是乐于主子的失败，为自己居功，以谋求富贵，我感到可耻。现在应该完整地登录州县名称和军人户口，一并报呈魏公，由魏公自己来奉给朝廷，这就是魏公的功劳了，不是很好吗？”于是派使者报送李密。

使者才到长安，唐高祖听说没有表奏，只报告给李密，感到十分诧异。使者把李勣的用意奏报，高祖方才很高兴地说：“徐世勣感故主之德，给故主居功，真是忠臣啊！”任命他做黎州总管，赐姓李氏，把户籍登入宗正寺，封他的父亲李盖为济阴王，李盖坚决辞谢王爵，即改封舒国公，授予散骑常侍的官职。随后加授李勣为右武侯大将军。

到李密反叛被诛，李勣为他发丧并穿上丧服，齐备君臣的礼节，上奏请求收葬。高祖即把李密的遗体交给他。于是他大规模地准备仪仗，全军都着白色丧服，将李密安葬在黎阳山；葬礼完毕，才脱去丧服解散，朝廷上下都认为李勣讲道义。

不久后，李勣在战场上受到窦建德的攻击，被俘，不过福大命大，他趁窦建德不防，逃回了京师。后来又跟随太宗征伐王世充、窦建德，并立大功。贞观元年，李勣被封为并州都督，有令则行，有禁则止，大家都说他称职，突厥对他非常畏惧。太宗对大臣们说：“隋炀帝不懂得精选贤良、安抚边境，只去远筑长城，派大批将士屯驻，来防范突厥，见识糊涂竟到了这种程度。我现在委任李勣镇守并州，就使得突厥畏威远逃，边塞城垣安宁，难道不胜过几千里的长城吗？”

后来并州改设大都督府，又任命李勣为长史，加封至英国公。他在并州镇守了 16 年，召回任命为兵部尚书，并做知政事。李勣有次突然重病，验方上说用胡须烧的灰才能治好，

太宗亲自剪下自己的胡须给他和药。李勣叩头出血，哭着谢恩。太宗说："我这是为社稷打算，不用感恩。"贞观十七年，高宗还在东宫时，调任李勣为太子詹事，追加特进的待遇，继续担任知政事。

太宗又曾设宴，宴席期间，太宗回头对李勣说："我想把年幼的太子托付与你，你以前不忘李密，如今肯定也不会做对不起我的事。"李勣感动得泪流满面，甚至把手指咬破。不一会儿李勣喝得大醉，太宗把御服盖在他身上。自贞观以来，李勣奉令讨伐突厥颉利可汗和薛延陀、高丽等，都把他们打得大败而逃。太宗曾说："李靖、李勣二人，古代的名将韩信、白起、卫青、霍去病岂能比得上啊！"

到了高宗李治为帝后，李治想立太子，因为王皇后没有儿子，武则天却有，便向大臣们征询废后建议。

尚书右仆射褚遂良建议说："王皇后是世家之女，乃先帝为陛下娶的，先帝临死前拉住陛下的手对大臣们说：'我的好儿子好媳妇，现在托付与你们了。'陛下也听到过这话，并且王皇后也没什么错误，怎么能轻易将她废了呢？若陛下一定要废皇后，请求好好选择天下的望族，何必要选武氏呢？武氏与先帝在一起，这是众所周知的，天下众人的耳目，如何能遮挡得住呢？"

大臣韩瑗、来济也上疏李治，力主不选武则天，但高宗听不进去。

后来，高宗问李勣的看法，李勣生性乖巧，心想这个关键时候超越自己本分提出意见，或许招来杀身之祸，废立皇后是否成功，都与性命攸关。同意废除王皇后，若不成功，就会得罪王皇后，不同意废除王皇后，如果武则天被选中，无疑是自投罗网。

李勣左思右想，模棱两可地对高宗说：“这是陛下的家事，怎能问外人呢？”

高宗听了这话便下定决心，将褚遂良降职为潭州都督，即刻废除王皇后和肖淑妃，下旨将武则天立为皇后。

武则天坐上皇后之后，任用大臣许敬宗排斥打击不同意拥立她为皇后的大臣，长孙无忌、褚遂良、韩瑗等一批人，有的被贬逐，有的被诛杀。李勣却由于应付机智，避免了祸及自身，而且受到重用，负责审理长孙无忌等人的案子。

［成功关键］

饶嘴多舌，不免会有口舌之祸，含糊其辞，虽糊涂，但能在关键时刻避过危难。臣子事君，多是糊涂的多，饶舌的少。

思不出位，要求说话办事不要超过自己的名分地位，该说该做什么，不该说不该做什么，都以个人的职责为限，谨慎稳重，这是处事精明老练的表现之一。李勣可谓是精明老练之辈，他的一句“这是陛下的家事”，意味深长，在不卑不亢的情况下将“球”踢了回去。

精明老练同投机取巧、阿谀奉承是两回事。在事情微妙棘手之时，只有精明老练的人才能巧妙应付，摆脱不必要的纠葛纷争，避免杀身之祸。而投机取巧的人，假如事情败露，不仅难逃其罪，还要殃及九族。

能说会道是升迁的妙诀

安禄山原姓康，名轧荦山，营州柳城（今辽宁朝阳）胡

人。后因其父早亡，做女巫的母亲阿史德氏再嫁突厥番官安延偃，才改姓安，名禄山。

安禄山随母到突厥部落不久，该部落发生内讧，部众四处纷逃。安禄山与其继父长兄的儿子安思顺一并逃到幽州（今北京城西南），起初经营小买卖，很快就当上了负责维护市场治安管理的互市牙郎。任互市牙郎期间，安禄山既善于处理各种纠纷，又敢于同当时的恶少斗争，所以不久就以勇敢善斗著名于幽州。为谋求政治上的发展，安禄山投靠了幽州节度使张守硅。开元二十年（732），安禄山偷羊丑事败露，张守硅一气之下要把他打死，安禄山呲牙咧嘴大声喊叫：“难道你不想消灭契丹吗？何必滥杀壮士！”张守硅被他的吼叫声震住了，认为安禄山可以派上用场，于是任命其为捉生将，负责捕捉俘虏。安禄山因为熟悉这一带地形，通常用三五个骑兵就能活捉几十名契丹俘虏。张守硅再给他加兵，安禄山抓到的俘虏也成倍增加。张守硅对他非常赞赏，提拔成偏将，并把他认作干儿子。张守硅平时看着安禄山长得出奇的肥胖，觉得很不舒服。为了博取张守硅的欢心，安禄山就少吃少喝，力争使身体瘦一点。

开元二十八年（740），安禄山升任平卢军兵马使。为了继续往上爬，他精心设计了许多投机钻营方案。凡是中央派到平卢视察的官员，不论职位高低，安禄山一律投其所好。这些人返回京都后，在唐玄宗面前百般吹嘘安禄山，因此，安禄山给玄宗留下了极好极深的印象。

聪明异常的安禄山看到唐玄宗对大臣的最大要求是对皇上忠心耿耿，就尽力装扮出一副忠臣的面孔。天宝三年（744），安禄山借到京都被玄宗召见的机会，诡秘地对唐玄宗说：“去年七月，营州蝗虫横生，我点起香火对苍天一再祈

诗：如果我心术不正，对国君不忠，请蝗虫吃掉我的心；如果我心术端正，对国君忠诚，请苍天把蝗虫赶跑。果然，一群鸟从北翩翩飞来，把蝗虫全部吃光。”唐玄宗听完，一面下令史官把这番荒诞无稽的话记录下来，一边下令设宴款待这位“忠臣”。到了酒兴时，唐玄宗问安禄山：“听说你体重有360斤，肚子都垂到下面，穿裤子时还要别人钻到你的肚子下面把腰带系好。那里面究竟装的什么东西?”安禄山答：“没有其他的，唯一颗忠君赤心。”玄宗听后，脸上笑开了花，对他更加喜爱。

安禄山虽然野心很大，但在唐玄宗面前总是装出一副痴痴呆呆的模样。天宝六年（747），安禄山在内殿受到玄宗的盛情招待。席间，安禄山对玄宗说：“我生长在外蕃，天生卑贱，蒙受您的如此款待，着实过意不去。我没有别的能报答您的厚恩，只期望为您而死。”说完，跪在了玄宗面前。正当玄宗把他扶起时，皇太子已走进了内殿。安禄山见了太子并不下跪，大臣问他原因，安禄山答：“我是蕃人，不懂中原礼仪，不知太子是什么官。”玄宗插话：“是我的继位人，我死后，把帝位传给太子。”安禄山对玄宗说：“我真是太糊涂了，只知有您，不知还有太子。”玄宗为表扬他的“纯诚”，赐予他大量物品。

安禄山在京都了解到，贵妃杨玉环最受玄宗的宠爱，她的话玄宗无不听从，所以安禄山便把比自己年龄小很多的杨贵妃认作干娘，对她万般奉承，竭力讨好。听说贵妃喜欢跳胡旋舞，安禄山每次进宫，都与贵妃尽情地狂欢乱跳。伴随着急速旋转的舞姿，安禄山与杨贵妃少不了相互调情，玄宗知道了也从不过问。

通过交谈安禄山了解到，最令玄宗不安的地区是东北。

祖祖辈辈生活在这里的契丹、奚两个少数民族政权经常出兵唐朝，唐玄宗为此经常寝不安床，食不甘味。安禄山为了让唐玄宗得到安慰和建功立名，多次对契丹、奚用兵，但大都失利。足智多谋的安禄山见硬打不行，就经常用和好作为骗局，设宴招待契丹官兵。事先把毒药掺进酒中，契丹官兵喝了随即就昏迷不醒，安禄山下令部下迅速把他们的头砍掉，把尸体埋进早就预备好的土坑中，之后派人把他们的首级送到长安。安禄山由此被唐玄宗称赞为“万里长城”，官位接二连三地升迁。天宝元年（742），安禄山被提拔为平卢节度使；天宝三年（744），被提升为范阳节度使；天宝十年（751），被提升为河东节度使。“一人得道，鸡犬升天”。他的两个妻子康氏、段氏及他的母亲、祖母都被封为国夫人；他的十一个儿子全由唐玄宗赐名，有的做了高官，有的娶了公主。

唐玄宗竟将图谋造反的安禄山赞为“万里长城”，着实是被其花言巧语所蒙骗。最终爆发了安史之乱，这也是唐玄宗晚节不保的最大因素之一。赞美之言可以鼓舞人，同时也是灵魂的毒药，能害人于无法自救的深渊。

[成功关键]

封建官场做人做事，做得好坏，很多时候体现在口才上。一直野心勃勃的安禄山，就是凭着自己的外乖内奸，有心计，从一个无名小卒成为唐朝平卢节度使的。

让上级接受批评的语言技巧

《资治通鉴》中有这样一个故事：

宋太祖在臣子张思先面前曾说大话："因你这次为江山社稷做出这般重大贡献，我决定让你官拜司徒。"

张思先左等右等一直不见任命下来，但又不好当面询问，这会让皇帝面子上过不去，也可能此事就这样定了。思来想去，只能幽默一下，来个皆大欢喜。

一天，张思先故意骑一匹奇瘦之马从太祖面前经过，并惊恐下马向皇帝问好。皇帝问道："你这匹马怎么如此之瘦？是不是你没有好好喂养？"张思先答："一天三斗。"太祖又问："吃得这么多，为何还如此之瘦？"张答："我答应给它一天三斗粮，可是我没给它吃那么多。"二人大笑不停。

太祖是个明白人，马上有所领悟。次日，就下令任命张思先为司徒长史。

《三国志》中也有一件有趣的事：

曹操的儿子曹植才华过人，文思敏捷，很受曹操的宠爱。所以曹操便想废掉长子曹丕的世子地位，而改立曹植。一天，曹操叫来谋士贾诩，屏退左右，向贾诩说起自己预计废丕立植之意，并问贾诩："你谈谈你的看法。"

贾诩内心是不赞成改立世子的，可直言否定曹操的心意当然不行。贾诩听完曹操的话后，一直沉默不语，也没有回答曹操的征询。曹操见他半天不言语，便问道："和你说了半天，可你却不回答我的问题，这是为什么？"贾诩慢悠悠地回答说："臣下在想一件事，所以未能及时回答您的问题。"曹操又问："你在想什么事？"

贾诩思索半晌，回答道："我在想袁绍、刘表父子的事呀！"袁绍和刘表都是东汉末年称霸一方的豪强，袁绍由于非常喜欢小儿子袁尚，便让他代替了长子袁谭做了世子。袁绍死后，袁尚、袁谭各树一帜，明争暗斗，最后都被曹操一一

灭掉了。刘表也很喜欢小儿子刘琮，之后便废除了长子刘琦，让刘琮做了继承人，最后也被曹操灭掉。贾诩故意点出这两个废长立幼而最终又被曹操攻灭的人来，意在传达废长立幼终不可取，极为巧妙地表达了自己的劝谏。

曹操听了贾诩的话，当然马上明白了其中的深意，哈哈一笑，至此再也不提改立世子的事了。

上级有失误能批评，但一定要注意方式。英国大文豪毛姆的名著《人性枷锁》一书中有一句亘古名言：“身居高位之人，即使请你批评指教，但他真正要的还是赞美。”这是人性所在。所以，为了达到同一目的，你要含蓄、幽默，要让人感悟，而非刺痛，这样才能皆大欢喜。

事实上批评的效益在什么时候都是与被批评者对你的信任成正比，否则将适得其反。当被批评者的行为可能重复发生且可能予以纠正时，才值得批评，才有批评的价值和意义。

[成功关键]

要选择批评的时机，避免模糊不清或类似讽刺的措辞，尤其不能表现出置身于事外的态度。

在批评过程中，应对事不对人，一切言辞都要实事求是，要留有余地；不能把话说得太满，夸张是大忌。

要给领导一个满意的承诺

光武帝刘秀刚登位时，群雄割据，天下不安。他派大将耿弇去攻伐张步。耿弇是员猛将，有些拼命三郎的劲头，向刘秀保证一定完成任务，领命而去。

那时，张步盘踞剧县（今属山东），以此为都城，派其弟弟张蓝率领精兵二万人在西安县驻守，令各郡太守汇集一万多人保卫临淄，两地距离四十里。

耿弇决定先攻破临淄，这样就断绝西安和剧县间的交通，西安就孤立了，过不了多久守军肯定会弃城逃跑。果然不到半天时间，临淄就被攻下了。军队进城后，耿弇约法三章，严禁军队抢掠，要等张步进犯后再抢掠财物，以激怒张步。西安的张蓝听说后，十分害怕，就率领军队逃回剧县。

张步听说临淄被攻下，就集合二十万大军，抵达临淄城东，准备进军耿弇。

见到这种情况，耿弇自信地向刘秀说，自己决定采取深挖战壕，高筑城墙，避实攻虚，以逸待劳的方法迎战，不到十天就能斩获张步的脑袋。

两军开始交战，打得胜负难分。耿弇亲自率领精锐部队出城从侧面进攻张步，一鼓作气，大败敌军。其间，有流箭射中了耿弇的大腿，而他毅然用佩刀砍断箭杆，继续投入战斗。这时刘秀身在鲁城，听到耿弇受伤的消息后，便火速亲率军队赶往临淄增援。

部将曾劝耿弇，暂时关闭营门，休养士兵，等待皇上救援。耿弇听后，厉声斥责说："身为臣子的应当杀牛备酒，恭迎皇上，怎能把贼寇留给皇上去处理呢！"于是耿弇继续出兵与敌人交战，从早晨一直战到黄昏，把敌人打得落花流水。张步感叹这次遇到不要命的了，丢下几千车辎重，惊慌逃回剧县老巢。

几天后，刘秀到达临淄，亲自犒劳军队，大会群臣。

刘秀激动地抓住耿弇的手说："以前，韩信攻破齐国，为汉朝大业打下了基础。如今将军立下奇功，功劳可比当年的

韩信啊！以前你说保证完成任务，我总以为任务艰巨，还有点不敢相信，但现在证明了，有志者事竟成啊！”

领导就喜欢这种充满自信、保证完成任务的员工。所以，员工在接受任务时，不管你内心是否认为负荷过重或是否喜欢这项任务，都要表现得斗志昂扬而欣然接受。

《把信送给加西亚》一书为何如此畅销，成为许多大公司员工的必读书？原因在于这本书中极力倡导一种敬业精神。美西战争时，军官罗文接到美国总统的命令，去寻找古巴丛林中的加西亚将军，把总统的一封信交到他手中。加西亚将军的具体位置在哪儿，没有人知道，这次任务会遇到无数艰难困苦，是可想而知的。可罗文没有向领导提条件，谈困难，而是坚定地接受了任务，义无反顾地出发了。

领导都需要“罗文式”的员工。我们来做个实验：假设你是领导，此刻你坐在办公室里，周围有六名员工。你对其中一名说：“请帮我查一查百科全书，把某某的生平做成一篇摘录。”

你希望那个员工爽快地说：“好的。”

但事实常常不是这样。员工会满脸疑惑地提出几个问题：他是谁呀？他过世了吗？哪套百科全书？百科全书放在哪儿？这是我的工作吗？为什么不叫小李去？急不急？

这样的员工不是领导喜欢的员工。领导希望听到的是肯定的承诺：保证完成任务。

当然，对这个问题也要灵巧地掌握。如果你是一个参加工作的低层职员，领导的下令当然要无条件执行。但是，如果你是一名中层领导，而你的上司又不比你精明，怎么办呢？执行他的命令就要灵活一些了。

[成功关键]

领导喜欢非常自信、保证完成任务的员工。在接受任务时，就应该给领导一个中意的承诺：保证完成任务，不要讲任何理由。

在言语上要注意圆滑

人们常说："言多必失。"有些人对别人讲话总喋喋不休，或喜欢吹毛求疵，自以为是，从来不讲地点场合、与别人是什么关系等情况，因而在不知不觉中得罪了人，甚至引火烧身，酿成灾祸。

拿破仑三世是拿破仑·波拿巴的侄子，他喜欢上了一位公爵家的名叫玛丽·欧也妮的小姐，并与她成婚。有人劝他说，她只不过是一个普通的西班牙公爵的女儿。可是拿破仑三世反驳道："即使这样，那又有什么关系？"她的贤惠、青春、魅力、美貌使拿破仑感到十分欣慰。他坐在宝座上激动地向全国宣布："我选择的是一位我非常热爱和尊敬的女人，我不要我所不了解的女人。"他甚至在一篇皇家文告中称："我已经选上了一位我敬爱的女人，我从没有见过这样迷人的女人。"

拿破仑三世和他的新娘拥有健康、财富、权力、美丽、爱情和崇拜完美的浪漫逸事所需要的一切，应有尽有了。神圣的婚姻之火从来没有燃烧得这么旺盛。

可是，这神圣的火焰没有多久就奄奄一息了。它的温度骤然冷却下来，成了灰烬。欧也妮嫉妒、猜疑、百般挑剔、

斤斤计较。她指责他的种种不是，因身边发生的一点小事就絮絮叨叨个不停。她嘲弄拿破仑三世的命令，甚至不给他解释的机会。当他处理国务时，她闯进他的办公室，影响他的工作。她既看不起丈夫，又嫉妒别的女人，她不让他独自一人活动，害怕他跟别的女人鬼混。她常常跑到姐姐那里抱怨丈夫，哭哭啼啼。她闯进他的书房，向他发起猛攻，并且骂声不绝。她每天像中了邪一样人前人后历数丈夫的缺点。拿破仑三世，这位法国的皇帝，他拥有十几座豪华的宫殿，却连个能在里面定一定神的衣橱都找不到。

欧也妮这么做，所得到的又是什么呢？终于，拿破仑三世忍受不了妻子的“精神虐待”，逃出宫殿和情人约会去了。正像E. A. 莱因哈特大受欢迎的著作《拿破仑与欧也妮，一个皇帝的悲喜剧》中说的：“这么做的后果是：拿破仑晚上常常从一扇小门逃出宫外，用头上的软帽遮住眼睛，由一个贴身侍从陪着，真的到一些正在等待他的漂亮女人家去了……”

[成功关键]

欧也妮本拥有一切，却不珍惜，在语言上不加节制，最终导致了重大悲剧，使人们把他们的爱情悲剧创作成了书，作为警戒后人的典型。

练好察言观色的基本功

办事，上司是个无法回避的主要对象。能察言观色是聪明人办事成功的基本功。

西汉元帝刘奭即位后，将著名的学者贡禹请到朝廷，征

询他对国家大事的意见。此时朝廷最大的弊端是外戚与宦官专政，正直的大臣难以在朝廷立足，对此，贡禹不发一言，他可不愿得罪那些权势人物，只给皇帝提了一条，即请皇帝注意节俭，将宫中众多宫女放掉一批，再少养一点马。

其实，汉元帝这个人本身就很节俭，早在贡禹提意见之前已经将许多节俭的措施付诸行动了，其中就包括裁减宫中人员及御马，贡禹只不过将皇帝已经做过的事情再重复一遍，汉元帝自然乐于接受，因此，汉元帝既博得了纳谏的美名，而贡禹也达到了迎合皇帝，让其听从劝谏的目的。

司马光对贡禹的这种做法很不以为然，他批评说："忠臣服侍君上，应该要求他去处理国家所面临的最艰难的问题，其他较容易的问题也就迎刃而解了；应该补救他的缺点，优点不用说也会得到发挥。在汉元帝登位之初，向贡禹征求意见时，他应当先急国家之所急，其他问题则可放一放。就那时的形势而言，皇帝优柔寡断，谗佞之徒专权，是国家亟待解决的大问题，对此贡禹一字不提。恭谨节俭，是汉元帝的一贯心愿，贡禹却说个没完没了，这算什么？若贡禹不了解国家的问题，他就不能被认为是贤者，如果知而不言，罪过就大了。"

司马光不晓得聪明人办事的眼上功夫，他不清楚，帝王在即位之初或在某些比较严重的政治关头，通常要下诏求谏，让臣下对朝政或他本人提建议，摆出一副弃旧图新、虚心纳谏的姿态，其实这大多是一些故弄玄虚的表面文章。有一些实心眼的大臣却相当认真，不知轻重地提了一大堆意见，这就会招来忌恨，埋下祸根，迟早会招来帝王的打击报复。但贡禹却非常精明，专拣君上能够解决、乐意解决甚至正在解决的问题去提，而回避重大的、急需的、棘手的问题，这样

避重就轻，避难从易，避大取小，既迎合了上意，又不得罪人，说明他做官的技巧已经十分圆熟老练了。

唐高宗李治将册封武则天为皇后，遭到了长孙无忌、褚遂良等一大批重臣的反对。一天，李治又要召集他们商讨此事，褚遂良说："今日召见我们，必定是为皇后废立之事，皇帝决心既定，要是反对，必有死罪，我既然受先帝的顾托，辅佐陛下，不拼死一争，还有什么颜面见先帝于地下！"

李勣同长孙无忌、褚遂良一样，也是顾命大臣，但他看出，此次入宫，凶多吉少，便以病为由躲开了；而褚遂良因为面折廷争，当时便遭到武则天的痛骂。

两天之后，李勣单独去见皇帝。李治问他："我要立武则天为皇后，褚遂良坚持认定行不通，他是顾命大臣，若是如此极力反对，此事也只能作罢了！"

李勣明白，反对皇帝自然是不行的，而公开表示赞同，又怕别的大臣有意见，便说了一句耐人寻味的话："这是陛下家中的事，何必再问外人呢！"

这句回答极为巧妙，既顺从了皇帝的意思，又让其他大臣无懈可击。李治由此而下定了决心，武则天终于当上皇后。反对派长孙无忌、褚遂良都遭到了迫害，只有李勣官运一直攀升。

[成功关键]

贡禹、李勣都不讲原则，只求自保，顺着上司说话。这种做法不值得提倡。但是，他们那样做一定是出于无奈。汉元帝如果是个能听忠言的人，贡禹也不会说些无关痛痒的话了；唐高宗则是个软弱的人，武则天是他的主心骨，李勣清楚自己反对也没用，干脆闭口不语。

奖励一定要经过良性竞争

齐景公在位时，晏婴任职相国，同朝共事的还有被称为“齐邦三杰”的田开疆、古冶子和公孙捷，这三人都超常勇猛。三人结为兄弟，团结一致，凭仗其功劳和神勇，总口出狂言，非常傲慢无礼。齐国大臣陈无宇与这三人结成一伙，有篡夺齐国大权的野心。

晏婴察觉到他们的阴谋，深感忧虑，他几次都想杀掉他们，又怕齐景公不赞成。

一天，鲁昭公带着相国叔孙若到齐国访问。晏婴陪同齐景公一起设宴款待鲁国君臣。“齐邦三杰”佩剑立于堂前。酒至半酣，晏婴请大家吃一种珍贵的桃子。鲁国君臣都吃了，分到最后，还有两个。

晏婴说：“还剩两个桃子，我提议大臣中谁功劳最大，谁就有资格吃这两枚桃子。”景公赞成。

公孙捷首先站出来说：“我曾经跟随主公一道上桐山打猎，力战猛虎，这功劳够得上吃桃子吗？”

晏婴微笑着点头同意。公孙捷吃了一枚桃子。

这时，古冶子一跃而起，说：“我当年曾在黄河斩鱼妖，把主公救了出来，够得上吃一枚桃子吧。”

晏婴也同意。古冶子正准备吃桃，田开疆跳了出来，不乐意地说：“我当年奉命讨伐徐国，斩将夺旗，威震诸侯，这功劳难道还不可以吃桃子吗？”

晏婴故作为难状：“你的功劳的确超过前两位将军，但是桃子已经吃完了，只能赏酒一杯。待明年桃子成熟了，再给

你补上如何？”

田开疆觉得委屈，说：“斩鱼打虎，都是小事，都能吃到桃子，而我血战疆场，却吃不到桃子，今日受此大辱，还有何颜面活在世上？”说完自刎而死。

公孙捷大惊，也抽出剑说：“我们功劳小却吃到桃子，致使田君受辱而死，太不侠义了。”说完也自刎而死。

面对此种情形古冶子大吼：“我们三人亲如兄弟，发誓同生共死，现在我岂能独活？”说完也自刎而死。

两个桃子逼死三位勇士。这是晏婴要达到的目的。作为领导，要避免发生下属因争功而激化矛盾的情形。领导要清楚奖励的目的是什么，如果奖励不能促进合作，那这种激励措施就是不合适的。

组织内部的竞争机制是为了更好地调动员工的积极性，这是不容置疑的。但是凡事都有其两面性，若一味强调竞争，忽略员工间的合作，那么会使工作群体从基本工作中分心，对工作形成障碍，制约整个团队的进步。

[成功关键]

奖励要经过良性竞争，但如何对员工进行奖励呢？

首先，一旦有良好的工作表现，就给以认定。不要等什么奖励循环。在日常工作中，上级能注意到他们的工作成绩，并经常给予赞赏，这也能让员工心情愉快，受到激励。

其次，鼓舞员工相互表示对彼此工作的认可，增强合作精神。

最后，对有较好表现的员工都应当给予赞赏和鼓励，不要一味地评选“最佳员工”，而损害了其他员工的积极性。

领导要清楚奖励的目的是什么，如果奖励不能促进大家的合作，那这种激励措施就是不恰当的。总之，作为一名领导，必须为其企业团队建立一种良性竞争机制，并根据实际发展的需要，不断地进行调整、改善，才能与时俱进，使企业立于不败之地。

立德：

唯贤唯德，能服于人

古来有句老话：天下是天下人之天下，有德者居之。由此可以看出，凡是身居显位，成就大事的人，都是德才兼备的人。立德是立身之本，是一个成大事者首先必修的一课，以德立业才能长久，良好的品德是成就辉煌事业的坚实基础。

唯德者方可谋大事

“德”乃最长远的家业。“忠厚传家远，诗书继世长。”这是家喻户晓的一副对联。由此我们不难发现“德”是唯一值得常抓不懈和传之后代的“财富”，别的，无论是金钱、产业还是机巧诡智，都是难以坚持或根本无法传承的。对于自身以及子孙的安身立业，真正的智者都懂得，最可信的支柱还是人的道德修养。

唐太宗时，岑文本是一介书生，凭借出众的才华，步步升迁，最后被任以宰相的高位。上任之初，朝中大臣纷纷祝贺，他家一时车马不绝，门庭若市。

岑文本对此不喜反忧，他对前来祝贺的人说：

“我刚刚上任，一无政绩，二无贤德，有什么可以祝贺的呢？因此，我今天只接受你们的提醒，中听的话就不要说了。”

岑文本的家人见众人悻悻而去，都责备他不近人情，岑文本便训导他们说：

“他们虽是好心，却也不免其中有势利小人，借此攀附。若皇上以此观察于我，我这般声张，还会有好下场吗？你们要切记：一个人万不可得意忘形，更不能失去应有的警惕；凡事取之实难，失去却在一夜之间啊。”

岑文本的家人自认为门庭高了，便劝岑文本另购大屋，多买产业。岑文本的妻子以此反复说过多次，岑文本依然不肯。他的妻子气得一天不吃饭，还发牢骚：“你得此高位，就是不为自己着想，也要为子孙造福啊。现在人人都是这样，

你自恃清高，苦了自己，还连累了孩子，遭人嗤笑，这是何苦呢？”

岑文本把子女都叫到妻子床前，语重心长道：“你刚刚所言，都是俗人之见，近则有利，远则有害。我本是一介书生，赤手空拳来到京师，未曾料到得此高位。这当然是皇上恩典，也是我勤勉不懈之果。由此可见，一个人的出身并不重要，重要的是他勇于任事，以才学为本。我深知此中真意，颇有心得，又怎会学那凡夫俗子之举，泛置产业、富贵而骄呢？这只能让你们养尊处优，无忧无患，安于现状，不思进取，对你们的将来，这才是真正的祸患，我怎忍心这样做呢？还望你们明白此中道理，不要再怨怪我了。”

家人深受教诲，妻子也理解他了。岑文本非常高兴，他说：“我不置产业，是以子孙为业，这才是最值得显耀的。”

他这般清醒，唐太宗也对他另眼相看，宠幸不衰。岑文本死后，朝廷又给他在帝陵陪葬的至高荣誉，以表褒奖。到了唐睿宗时，他孙子一辈的人中，位居高位的有数十人，是当时最显赫的家族之一。

显达及远、富贵相传，这是人人都希望的。对那些身享富贵的人来说，这种愿望就更强烈了。他们深知富贵的好处和取得富贵的艰难，故不愿意自己的子孙把这一切葬送。在此，每个人对儿女的教育都是不一样的，其效果也有着相当大的差异。贪婪者以搜刮为能，以自私为利，其子孙只能是一批纨绔子弟。贤明者知足常乐，以德育人，自甘其苦，言传身教，这对子孙的影响就深刻多了，他们长大后才能独当一面，真正担得起重任，肩负起光耀门楣的责任，并发扬光大。

[成功关键]

我们每一个人，由于天资的差别，或受教育程度的差异，或受所处社会地位的限制和职责的规范，办事能力有大有小，这都是客观存在的，是不以人的意志为转移的。但只要重视德行，有好的品行，就是一个值得称赞的人，也是一个能够让自己的事业和前程充满希望的人。孔子这个观点，对现代生活一样具有指导意义。因为作为一种做人做事手段，相对于技巧和力量，其实德行操行是更具有影响力的，同时也是最为永恒的。那种逞勇斗狠，其实是一种最没有“技术含量”的手段，成事不足，败事有余。

以德为政，天下归心

如果为政者自己的道德修养及其仁政方针，能真正付诸实施，其产生的正面效果常常是非常巨大的。这在中国古代的“人治”社会里表现得尤为明显。

金朝第四代皇帝金世宗完颜雍，是历史上著名的政治家。执政时，对南宋采取“南北讲和”的和平外交政策，对内则实行“与民休息”的政策，整顿吏治，解放奴隶，发展生产，使金朝的经济和文化得到迅猛的发展，出现了空前的繁荣局面。

金世宗即位不久，就采取了解放奴隶，发展生产的措施。辽代崇佛，寺院的领户称二税户，金初二税户多沦为寺院的奴隶，大定二年，金世宗下旨赦免全国的二税户，使他们获得解放，成为国家的编户平民。

对于之前随契丹搞叛乱的人，包括奴婢在内，只要是主动归顺朝廷的，一律赦免。同时又多次下令放归宫廷奴婢和内外官员家庭所属的私婢，使大批奴隶取得了平民身份，解放了生产力。

为了发展北方地区的农业生产，解决农民的土地问题，金世宗对豪强贵族兼并土地实施节制和抑制的政策。迁居中原的女真贵族利用他们的特权，无限制地兼并土地，使普通汉族农民无地可耕。

有的权贵之家每人平均占地有三十顷之多。对于这种局面，金世宗果断下令，权豪之家最多只能保留十顷私人土地，多余的或收归国有，或租给无地的农民耕种，或直接分给农民。又召集流民复业，由政府拨给土地。对发生自然灾害的地区，实行赈救、免税的政策。并屡次治理黄河，在全国各地修建水利工程。这些措施的实行，使北方地区的农业生产迅速地得到恢复和发展。

金世宗实行“德政”的目的，就是想尽一切办法使社会得到安定，在稳定中求发展，他主张对待老百姓要宽慈，要“爱民”，他曾公开对大臣们说：“朕经常担心因重敛使百姓们穷困潦倒。”又说：“县令之职最为亲民，应选贤才任之。”有一次，尚书省拟奏宗室完颜阿可为刺史，世宗觉得阿可年轻，不适合任刺史之职，批评尚书省官员说：“一郡之守关系到万民的休戚，若郡守任非其才，一郡的百姓怎么办呢？”金朝建立时，皇帝的护卫亲军年龄大了后都改任地方监民官，世宗对此提出异议，说：“护卫都是武人，其中有人连字都不会写，怎能治民呢？天子不能亲自过问每家的事，只能依靠各级官员。明知官员不称职而强授之，老百姓将会说朕什么呢？”下令护卫都改

任他职。

世宗躬行节俭，很大程度上也是爱民。他曾说过：“朕若想使饮食丰富，每天宰五十只羊也能做得到。但一想到浪费的都是百姓的血汗，就于心不忍。”元妃李氏痛逝，世宗到兴德宫举办葬礼。他见街市上十分冷清，就对跟随的大臣们说：“不应因元妃之丧而干扰了百姓的生计，让他们照常营业。”还有一次，世宗因事驾幸兴德宫，朝官们请他走前门，世宗担心出行的队伍妨碍了市民的生意，改从别的路走。

大定二年四月，为了改变海陵王时期皇宫中奢靡的风气，世宗下诏削减御膳及宫中食物之半。大定六年，严禁宫中陈设涂金装饰，并禁止宫人服饰用金线。宫中小规模的兴修，从宫人的费用中开拨，从不搞大规模的土木工程。大定九年，尚书省就越王、隋王两皇子王府要建宫室并役民夫事上奏，世宗随即批评道：“朕宫中竹树枯死，本欲得植，还怕动用了别人。两王府各有僚属仆人，为何还要劳累百姓呢？”驳回奏疏。大定十三年，太子詹事刘仲海请增东宫的侍从人员和陈设，世宗不许，说：“东宫所属人员有统一规定，陈设也已齐全，为何还要增加呢？太子生活富贵，容易养成奢侈的习惯，应教导他节省。”

金世宗在饮食服用方面也很注意节俭。据《金史》记载，他当了皇帝后，只在皇太子的生日、元宵节、中秋节饮酒，平时从来不饮酒。每餐只四五样菜，仅够食用，从不浪费。有一次世宗正在用膳，恰逢公主来了，竟没有多余的饭菜给她吃。世宗平时穿的衣服多半是洗了又穿，穿了又洗，什么时候穿破了才换新的。某次他在广仁殿同诸皇子一起吃饭，闲谈之中教导他们饮食服用要节省，切勿铺张浪费，并撩起龙袍说：“这件衣服朕已穿三年了，还完好无损，你们瞧瞧！”

有的官员认为他贵为天子，食用太俭，世宗却说："天子也是人，何必要浪费，天子能自行节约，也不是什么坏事。"

因为金世宗始终把德政视为社稷的根基看待，身体力行，使得金朝出现了一时繁荣局面。他也因此在历史上享有很高的美誉。《金史》赞扬他："久典外郡，明祸乱之故，知吏治之得失，即位五载，而南北讲好，与民休息，于是躬节俭、崇孝悌、信赏罚、重农桑、慎守令之选，严廉察之责……孜孜为治，夜以继日，可谓得为君之道矣。"南宋理学大师朱熹也说他专行仁政，能行尧舜之道。元代的阿鲁图在《进金史表》中说："非武元之英略，不足以开九帝之业；非大定之仁政，不足以固百年之基。"这些虽有溢美之处，但金朝在世宗在位期间，社会安定、市场活跃，经济和文化空前繁荣，却是事实。

金世宗的德行和仁政，在当时社会经济衰退和民族矛盾激烈的情况下，不但提高了国势，还赢得了民心；不但本朝史官称颂，就连后代及异邦异族（朱熹）也敬仰有加。可见，德行仁政不仅是一种人为的统治需要，也是社会秩序的内在要求。

[成功关键]

为政者一定要注重个人修养问题，因为为政者的德行及其仁道之治，与政局的稳定和国家的兴衰紧密联系在一起，"德"与"仁"的感召力和凝聚力是非常强大的。

事实上，无论是治国，还是做人做事，高尚的道德品质和超凡的人格魅力都会形成一种类似磁场那样的向心力，提升自己的"人气"。身边的人在不自觉中，都会把你当成"精神领袖"和权衡是非价值的"标准"。

进德修业终有所成

人们形容学习刻苦，常用“十年寒窗苦读”这句话。但是，这仅仅是考取功名前的时期。很多人通过这种方式，一举成名，而随后就把“读书”这块敲门砖给抛弃了。而真正的贤者，不但在成功之后仍然勤学不辍，甚至终其一生都在为不断提升自己的知识和能力而一直努力。

宋代的两个名相——王安石、司马光就是这样的典范。

七岁时，司马光开始跟老师学习《左氏春秋》。这是一部记载春秋时期的编年体史书，言简意赅，微言大义，理解起来有很大的难度。但是，他手不释卷，刻苦钻研，以至于常常废寝忘食。这使得他的家人对他心疼不已，却又不忍责备他。

他学习着迷，真是达到了忘我地步。他用一节圆滚滚的木头来做枕头，取名叫作“警枕”。夜里睡觉，偶一翻身，圆木便会滚动，他就会从梦乡中醒来，于是披衣起床，读书到天明。七年之后，他能够懂得圣人之道，“于书无所不通”，《左氏春秋》不再晦涩难懂，并奠下了良好的文学功底，写出的文章“文辞醇深，有西汉风”。他没有辜负父亲的殷切希望，开始崭露头角；连缀诗文，远近闻名。

王安石从小就喜爱读书，据说，就算吃饭睡觉时，手中的书也不肯放下。他的兴趣很广泛，不管是儒家的经书、古代的史书，还是哲学著作、诗歌、小说，甚至医书，他都仔细阅读。不仅学习书本知识，就连种田的学问、妇女缝衣绣花的功夫，他都留心学习。

二十二岁时，王安石考中了进士，被派到扬州做淮南判官。在官署里，他除了办公，就是埋头学习，甚至牺牲睡觉的时间。有时，他读书直到天快亮，实在支持不住了，才睡上一两个小时。睡醒后，胡乱穿上衣服，到府里去办公，经常连脸都顾不上洗。所以，人们总见他蓬头垢面，一副奇怪的样子。

当时，担任扬州知府的是韩琦，他见这个科第出身的属官如此不修边幅，放浪形骸，就疑虑他夜间不务正业。因此，韩琦多次好心地劝告王安石说：“你年纪轻轻，前途无量，要自爱才是。千万不能自暴自弃，误入歧途啊！”王安石听了，心中虽有异议只是连声感谢太守的教诲，一句解释的话也没有说。后来韩琦得知王安石之所以衣冠不整，形容憔悴，是通宵达旦苦读的缘故，心中颇为惊奇。从此，便对王安石刮目相看了。

宋仁宗庆历七年，王安石改任鄞县知县。一到位，他就给自己定了一个规定：一周中，挤出两天时间集中处理公务，剩余时间全部用在读书和写作上面。他极其勤奋，为了多读一些书，忘记了休息睡眠，连吃饭的工夫也常常被占用了。每当他得到一本新书，就昼夜不分，专心致志地去阅读，简直到了痴迷的程度。

王安石博览群书，钻研了大量经史典籍和政治、经济、军事、文艺等著作，同时还研究了佛学和道学。孜孜不倦地读书，使王安石的视野越来越宽广，学识越来越渊博，最终成为我国历史上杰出的政治家和文学家。

司马光、王安石之所以成为杰出的政治家、文学家，不是靠手段，更不是靠运气，而是长期坚持不懈地修业进德，一直提升自己的缘故。因此，他们的水平达到了相当的高度，

所以他们会从芸芸众生中脱颖而出。

[成功关键]

人的一生虽短，但生命的成长和精神境界的提升却是一个相当漫长的过程。很多人都在追求一些华而不实的东西，却忽略了作为人一生中一切事务的根基的进德修业功课，以至于到头来才发觉自己的一生其实都处于浑浑噩噩的状态中，并未取得任何实质性的成绩。

自我完善，不仅是为人处世的前提条件，更是充实生命的需要，因此，需要时刻勤奋努力。不能放松懈怠，更不能自弃，没有人可以在自己的生命之外，找到真正能安身立命之处。

从大局出发，抛开私人恩怨

张之洞和袁世凯均是清末的重臣，有人说张之洞是“有学无术”，袁世凯是“无学有术”。即是说张之洞有学问没有权术，袁世凯虽然胸无点墨，却狡诈多端，权术很多。两人都属于实权派人物，一南一北，支撑着清朝危局。

袁世凯从天津小站练新军起家，终成一代枭雄。而追根溯源，袁世凯的发迹与张之洞的荐举有关。1895 年 7 月，张之洞在《荐举人才折》中这样评价袁世凯：袁世凯勇敢精干，做事果断，最适宜做武将。尽管他稍微有些傲气，办事有些鲁莽，但是与那些因循守旧、懦弱畏怯之流相比强多了。如今正是亟待进行军事防备之时，招揽人才是当务之急，文官懂得打仗的又不多，若给袁世凯机会，让他专心练习军事，

之后有所成就，那么对时局一定大有益处。

之后袁世凯在戊戌、庚子间，以权术导引，崭露头角。而张之洞与袁世凯的关系，也为世人所关注。清末的重臣中主要有李鸿章、刘坤一、张之洞和袁世凯。李鸿章、刘坤一于 1901 年、1902 年相继死去。张之洞和袁世凯便成为在清末政局中极为重要的人物。清末新政的一些重大举措都是在他们联名上奏后得到清廷批准的。两人在所辖地区推行新政也最为容易，号称清末新政的南北两大支柱。袁世凯曾称赞张之洞在湖北推行新政，“规画之宏达”，进而扬言“当今惟吾与南皮两人，差能担当大事”；颇有曹操与刘备“煮酒论英雄”中“今天下英雄，惟使君与操耳”的气概。

张之洞性格沉着冷静，袁世凯性格易躁易怒，性格上的差异，使两人慢慢产生了矛盾，而矛盾的症结主要还在于 1902 年发生的一件事情。

那年，袁世凯从河南彰德回到天津，专程绕道经汉口到南京，拜访两江总督张之洞，他的目的本是为了与张之洞拉好关系。当时张之洞很高兴，设宴给袁世凯接风，宴后，又屏退侍从，两人密谈了两个多小时。当袁世凯正谈得尽兴时，却突然发现张之洞不知何时，已经倚着椅子睡着了。袁世凯只得悄悄告退，并叮嘱仆从不要惊动张大帅。依据当时清朝的制度，袁世凯当时身为直隶总督兼北洋大臣，凡总督出入辕门均须鸣炮致礼，炮声一响，惊醒了张之洞，张之洞自知失礼，连忙表示歉意，约定后会有期。

次年，张之洞从武昌北上入京觐见时，途经保定，袁世凯率北洋将领和属官设盛宴款待张之洞，把他视为上宾，当袁世凯亲自率将领属官举杯为张之洞贺酒时，张之洞又一次伏案垂首，呼呼大睡，这次使袁世凯大为难堪。因有众多的

手下在场，所以袁世凯以为张之洞是存心怠慢，是故意让自己在属下面前失去脸面的，从此他对张之洞耿耿于怀。

其实这是因为袁世凯不了解张之洞的生活习惯，才误会他了。张之洞性情孤僻，起居无常，比如他习惯夜里工作，白天睡觉，就是很好的一例。

不管怎样，张之洞、袁世凯毕竟同为汉族权臣，都是清末“新政”中的主角，他们之间虽有隔膜，但因同受满洲贵族的猜虑，所以他们两人刚入京时，交往还是很多的。但袁世凯对张之洞，表面上很尊敬，背地里则心怀忌恨，而张之洞尽管越来越觉得袁世凯奸诈阴险，揽权无忌，但从全局出发，在一些小事上并不和他计较。比如张之洞初到北京时，居无定所，当时袁世凯居住在东安门外北洋公所，他告诉张之洞说他还有一处院落在锡拉胡同，地方很近，可以借给张之洞居住，于是张之洞就搬过去。但是袁世凯却暗地里吩咐看门的每天记录来见张之洞的宾客姓名一一呈报给自己。刚开始，张之洞并不知道此事。一天，袁世凯看见有个从外省来的客人，就对客人说：“你已经去拜见张之洞了吗?”客人答道：“还没有。”袁世凯说：“怪不得，我昨天看登记本，上面找不到你的名字。”之后，那人把这个情况原原本本地告诉了张之洞，张之洞泰然处之，并没放在心上。

张之洞在湖北主持的新军，与袁世凯的北洋新军虽都是为了维护清王朝的统治，但有很大不同，张之洞作为一个忠君爱国的封疆大吏，把编练新军当作是国家自强、抵防外侮的重要措施，是清政府推行新政的一个重要组成部分，是推动中国军队走向近代化的重要步骤，而不是像袁世凯那样善于招揽兵权，玩弄权术，把北洋军变成了“袁家军”，最终演变成一个既危害清政府又危害民国的大军阀。

尽管张之洞和袁世凯之间嫌隙始终存在，但张之洞在关键时刻还是救了袁世凯一命。

张之洞和袁世凯虽然在朝中地位相当，但因为张之洞城府很深，所以没有明显的政敌，处境比较安稳，而袁世凯则因曾出卖过光绪帝，被皇室系统的贵胄深恶痛绝。传言，光绪帝临死前留下遗诏，要求时机一到，将袁世凯予以处斩。光绪帝之弟载沣任摄政王后，扬言为兄报仇，必杀袁世凯而后快；更重要的是，作为汉官的袁世凯占据军政外交要地，“权重震主”，为“亲贵集任”所不容。这样，光绪帝、慈禧死后，袁世凯马上就处于岌岌可危的境地了。

张之洞非常清楚唇亡齿寒、相辅相成的意义。他虽对袁世凯一贯骄横颇为不快，但他意识到，亲贵们“除袁”的真实内蕴是排斥汉官，所以就对袁世凯有同病相怜之感。因此，1907 年 6 月梁鼎芬专折奏请罢除庆亲王权臣袁世凯时，张之洞对梁鼎芬的这个折表示很不赞成，认为国家危难之际，这种过激行为不合适。

后来，当隆裕太后和载沣准备杀袁世凯时，张之洞极力谏阻。

事情是这样的，有一次隆裕太后召见诸位大臣，载沣在侧，太后宣告了袁世凯的罪行，说当初帝后不和，国政不均衡，都是袁世凯从中挑拨离间所致，所以应该对袁世凯判以极刑，以谢天下。当时诸王大臣都默不作声，只有张之洞挺身而出，慷慨陈词，为袁世凯辩护，说袁世凯无能离间帝后，而且袁世凯身负带兵重任，许多军事重地，也都是他的势力所处，处置稍有不慎，就会导致灾难。张之洞还说，当时皇帝年幼，而时局又很危险，这种情况下不能急着诛杀大臣，否则就会动摇国家的根基。只要罢了他的官，把他赶出北京

就行了。听了张之洞的话，载沣没有言语，于是朝廷马上命令袁世凯开缺回籍“疗养”。这种比较缓和的处置，避免了统治集团内部满汉势力的火拼。

张之洞力荐袁世凯，为袁世凯的崛起创造了条件，这次救了袁世凯，却为清朝灭亡种下了祸根。张之洞虽用心良苦，但此时此刻，清朝矛盾日趋尖锐，已非张之洞之力所能挽救。

可以说，在劝阻载沣杀袁世凯这件事上，张之洞起了很大的作用。张之洞谏阻杀袁世凯，是从维护清朝政局，缓和统治集团内部的汉满矛盾思考，他事后曾对人说：“一旦杀了袁世凯，那么朝廷就等于是给杀官罢吏开了头，此头一开，就可能带来不小的祸患。我不是为袁世凯着想，而是替朝廷着想。”

[成功关键]

看问题要从大局考虑，不能被自己的个人恩怨所掌控。当对手有难时，不要急于落井下石，要从更高的角度考虑这个问题，也许站在更高的角度看你们是属于一条线上的蚂蚱。你拆了他的台，可能使你自己的台也不稳了。

事业越大，越要注意名声和信誉

贞观年间，少府监裴匪躬善于营利，曾向唐太宗建议，御苑中的马粪极多，每年卖掉这些马粪就能够挣二十万缗。唐太宗询问将军刘仁轨，刘仁轨慢条斯理地回答：“利益是很丰厚的，就怕后世说唐家是卖马粪的，名誉不大好。”太宗听了，觉得有理，马粪的事就此搁置。

值得一提的是，裴匪躬十分忠于职守，会想到出卖马粪来获得收入，为皇家广进财源。可是这样做的话，传出去的确很不好听。皇室要注重和维护封建礼仪等级和社会秩序，追逐小利，惹人非议，很不值得。

北宋将军狄青不借番国兵平定内乱，也是有远见的做法。

宋仁宗时，侬智高在邕州起义，成为朝廷的心腹大患。起初，交趾国表示愿意出兵帮助宋朝征讨侬智高，安抚使余靖也竭力向朝廷保证：交趾国言而有信，我们只需在邕、钦二州准备万人的军粮，等待交趾援兵到来就行。皇上立即下诏书，同意交趾出兵，并拨给三万缗钱给交趾作军费花销，还承诺讨平贼众后再厚赏。狄青受命征讨侬智高以后，赶到广西，马上阻止了余靖从交趾借兵讨伐的行动，并上奏朝廷，说："交趾国主李德政声言将出步兵五万、骑兵一千来支援我们，根本就是言过其实。更何况堂堂大宋朝廷还要凭借外来援兵才能平定内乱，实为不利。区区一夷蛮侬智高都能横行两广，而朝廷却无力征伐，要借助外国援兵，如果外国援兵贪功而忘义，进而又生是非，那我们又将如何防守呢？请求皇上一定要制止交趾援兵进来。"皇上看了奏书，自觉有理，于是拒绝了交趾国的请求。后来，狄青果然领兵平定了侬智高的起义，大家都佩服他深谋远虑。

[成功关键]

事业越大，就越要注意名声和信誉。对于一家百年老店来说，信誉是它长年经营积累起来的一项巨大资产，特别需要精心维护。否则，信誉一旦被毁，就会一损俱损，损失惨重。

如果想把事业做大，不能有流寇思想，必须意识到做事

业是个过程。打个不太恰当的比喻，做事情不能像火车站那些卖烧鸡的，以为顾客买了烧鸡就上了火车，以后再也见不着了，没人会找自己算账。要讲信誉，才会有人缘，才能挣到大钱。

成功的同时也要帮助别人

曾国藩刚进入军界之时，坚持的是“不妄保举，不乱用银钱”的原则。原本用意是好的，可结果却导致“人心不附”的局面，对湘军的壮大和团结十分不利。咸丰四年（1854），湘军大胜太平军，占领了武汉，是一次影响全局的大胜仗，但是曾国藩只保举了300人，受到嘉奖的人仅占百分之三。咸丰五、六两年保举了三次，总共加起来也仅几百人。和他不一样，胡林翼在攻占武汉之后，一次就保奏了3 000多人，受到奖励的人数也有百分之二三十。此消息一传开，很多人就认为，要想得到提拔，应当投奔胡林翼，这样许多人纷纷投奔到胡林翼门下。曾国藩当时并不知道这其中的秘诀，还以为是自己的德行不足以服众，后来才明白，是因为自己保举太少，使手下感到升迁无望才会如此。

由于曾国藩的这种做法，很多较早投靠他的反而没有得到朝廷的重任，如郭嵩焘、李元度、甘晋等，长期和曾国藩患难与共，因他不轻易保举，结果长期居于下位。就这事，曾国藩的好友刘蓉曾向他多次劝说，并举楚汉之争为例，劝他更换做法；曾国藩的心腹幕僚赵烈文也诚恳进言，劝他合众人之私以成一人之公。曾国藩自己也认识到，自己成功，也要让别人成功，才是驭下的硬道理。

至此，曾国藩一改前志，从咸丰十一年（1861）起，开始效法胡林翼，积极主动地保举手下人。这就形成了一种特殊的现象：最早追随曾国藩的，升迁得很慢，而后来加入的，像左宗棠、李鸿章、沈葆桢等，却在几年中迅速崛起，都成为封疆大吏。

曾国藩的保举也非常有特色，他举荐手下，主要有汇保、特保、密保三种方式，各不一样，各有侧重。其中密保最为关键。

汇保一般只能得到候补、候选、即用、即选之类的虚职，唯有密保才能得到实缺。曾国藩对主要的情况，一般采取密保的形式。咸丰十一年（1861）奏保左宗棠、沈葆桢和李鸿章等人，他的考语极有力量，他说李鸿章才大心细，劲气内敛；说左宗棠取势甚远，审机甚微，可独当一面；说沈葆桢器识才略，实堪大用，臣目中罕见其匹。因他采用了密保的方式，又有极高的评价，朝廷马上批准左宗棠出任浙江巡抚，沈葆桢出任江西巡抚，李鸿章出任江苏巡抚。这样两江四省，全部成了湘军的势力范围。

不过，曾国藩在保奏实缺官员的时候，依然十分谨慎，他按级别大小大致分为三个层次，分别采取不同方法。保奏巡抚一级官员，曾国藩只称其才堪任封疆，并不指缺奏保；对于司、道官员则指缺奏荐，不稍避讳；对于州县官员更有不同，曾国藩不仅指缺奏荐，还对因资历不符而遭吏部议驳者，据以力争。

为了让广大候补府县都有补缺之望，他还特别制定委缺制度，使出类拔萃之才尽快得到实缺，一般人才亦有循序升迁之望。对于幕府的保奏，曾国藩其实也采用此法。跟随曾国藩多年的幕僚，才高者像李榕、厉云官等早已位至司道，

而方宗诚等则到同治十年（1871）方得任实缺知县，估计这就是区分酌委与轮委的结果。这就使中才以下只要勤恳敬业，忠于职守，人人都有升迁之望，力争做到让每个人都能分到好处。

在保奏的同时，曾国藩还鼓励下属走出去，自己发展。早期在事业刚刚起步之时，他坚决反对另立山头的情形，他把不服调遣的王璞山开出门户。但是随着事业的发展，他却调整了这种做法，开始鼓励有能力的下属独当一面。左宗棠投奔他的门下时，没过几天，他就命他回乡招募军队。左宗棠回乡后，以王璞山的旧部老湘营为根基，拉起了一支5 000人的队伍，由王璞山的侄子王开化等率领。这5 000人初战告捷，并为曾国藩处理了一次重大危机，令曾国藩另眼相看。后来这支军队就成了独立于曾国藩系统的武装，尽管接受曾国藩的统一节制，但实际上的领袖是左宗棠。在镇压太平军的过程中，转战江西、浙江、福建等地，迅速扩展，最后发展到七八万人。这便是左系湘军。后来镇压捻军与回民起义，以及平定新疆，都是靠了这支军队的力量。因为有了这支力量，左宗棠才成为几乎和曾国藩齐名的中兴名将。

曾国藩让李鸿章编练淮军，也是出于同样的目的。淮军的发展远远超过左系湘军，最后甚至也超过了曾国藩本人的曾系湘军，成了晚清政局中的主导力量。

后来曾国藩还把这种方法传授给李鸿章，他曾写信给李鸿章提醒他要对下属放开手脚，让他们能独当一面。

曾国藩提倡自立门户，鼓励下属独立发展，由此看出他的胸怀之宽广。其实，从曾国藩的经历中也可以发现，放开下属的手脚，不但自己没有损失，反而由于他们的实力增强，也大大地壮大了自己的力量。这是一种相互依存的关系。

[成功关键]

自己成功后，不要忘记是下属把你推上去的，也要给他们表现自我的时机。

以德以礼，天下自治

宽法度、重礼仪、安民心等，这些都符合儒家思想的为政政策，只要能够落实到施政方针中去，而不拿它来招摇撞骗，一般都能取得卓有成效的结果。历史上许多有成绩的统治者的事例，都说明了这一点。

汉文帝是我国历史上一位罕见的明君，他即位的当年年底，君臣之间就围绕着是严刑峻法还是宽法度、重礼教展开了一场讨论。汉文帝说：“法律是整治国家的准则，用它来禁绝残暴，引导人们向善。现在犯法定罪后，无罪的父母、妻子、兄弟要连坐，收没妻子儿女为官府奴婢，这种做法是不是合适？”许多大臣都说：“百姓不能治理自己，所以制定法律来管制他们。互相连坐，收没妻子儿女为官府奴婢，以此来使百姓畏惧，让他们不敢轻易触犯法律，这种做法历时已久，是合适的。”

汉文帝说道：“我听说法律公正则百姓忠实，论罪量刑适当则百姓顺从。况且管理百姓而引导他们向善，是官吏的职责；如果官吏既不能加以引导，又参照不公正的法律去论罪，这反而有害于百姓，使他们为非作歹，法律怎么能禁止得了呢？朕看不出这种法律有什么合适之处。”大臣们见文帝不同意严刑峻法，就说：“皇帝恩惠浩荡，德泽天下，不是我们臣

子所能比拟的。让臣等谨奉诏书，废除一人有罪而妻室收没为官府奴婢和一些互相连坐的法律。”由此废除了连坐法。

为了广开言路，提倡规谏，汉文帝又废除了以“诽谤罪”惩罪敢于直言犯上者的刑罚，他说：“古代治理国家，朝廷设有进献善言的旌旗和供书写诽谤言论的木柱，以此来维持治国之道的畅通，使直言敢谏的人都来发表意见。如今法律上有诽谤妖言之罪，这就使大臣们不敢畅所欲言，皇帝无从听到自己的过错，这怎么能使远方的贤才来到朝廷呢？应当废除这一法令：百姓当中有的人诅咒皇帝，约定互相隐瞒，而后来又相互揭发，官吏就认定是大逆不道，若还有其他言论，官吏又以为是诽谤。其实这些都是小民的愚昧无知，据此治以死罪，我非常不赞成。从此，有犯这种罪行的，不要审理和治罪。”

在执政十三年后，汉文帝又下令废除了肉刑。

汉文帝一方面废除刑罪，另一方面又注重“勤德而无私”。在执政后期，有一年，全国发生了旱灾，蝗虫成灾。文帝加恩天下，命令诸侯不要向朝廷进贡，废除对山林湖泽的禁律，削减皇帝的服饰、用具和游玩的狗马，裁减郎官的员数，打开粮仓赈济贫苦百姓。

汉文帝在位二十三年，宫室、苑囿、狗马、服饰、用具没有增加；凡有对百姓不利的地方，就进行改整，以利百姓。他曾经打算修建露台，叫工匠计算费用，知道需要黄金一百斤时就说道：“一百斤黄金等于中等百姓十家的产业，我奉守先帝的宫室，经常担心给他带来耻辱，修建这露台干什么呢？”立刻打消了修露台的念头。

汉文帝常穿着粗布衣服，他所宠爱的慎夫人，也不准许衣服拖至地面，帏帐不得织文绣锦，以此来表示敦厚朴实，

为天下人做出一个表率。他修建霸陵全都用瓦器，不许用金、银、铜、锡作装饰，不修高大的坟墓；要尽力节省一些，不去打扰百姓。由于他致力于用道德教化百姓，使得国内殷实富足，刮起了讲究礼仪的风气。

汉文帝临终前，写下一道丧事从俭的遗诏，遗诏说："我听说天下万物生长，没有不消亡的。死亡是天地间的常理，万物的自然现象，不要过分悲哀。如今，世人都好生恶死，大量财物用于安葬，以致倾家荡产，长期服丧，损害了身体，这些做法我是不赞同的。况且，我生前不德，无益于百姓，如今死了，又让人们长期服丧，哭吊，经历寒暑的变化，使人家的父子悲哀，损伤老幼的心灵，减少饮食，断绝鬼神的祭扫，这增加了我的罪过，我怎么能对得起天下百姓呢！我能够奉守宗庙，以一个渺小的人凌驾于天下诸侯王之上，至今已有二十多年了。仰仗天地的神灵，社稷的福祉，国内安宁，没有战乱。我并不聪慧，常常担心有错误的行为，使先帝的遗德蒙受耻辱，时间久了，更是害怕不能善终。如今幸运地凭着天年能够供养侍奉高祖于地下，以我这样的不贤明，而有这么好的结果，还有什么可悲哀的呢！向天下官吏和百姓下达命令我死后哭丧三天，之后全部脱掉丧服。不要禁止娶妻嫁女、祀鬼神和饮食肉。应该服丧哭吊的人，都不许穿新的丧服，经带之围不要超过三寸，不要陈设战车兵器，不要发动男女民众到宫殿哭丧。宫中应当哭丧的人，在每天的朝夕各哭十五声，尽礼之后就停止；不是早晨和晚上哭丧的时间，不许擅自哭丧。下葬后，穿大功丧服十五天，小功丧服十四天，细布丧服七天，之后脱去丧服。其他没有规定在遗命中的事项，全部根据这一遗命，参照从事，公布天下，使人们明了我的心意。霸陵地方的山川保持原貌，不要有所

改变。后宫夫人以下至少使，都派遣回家。”

汉文帝在位时，由于他克己爱民，勤俭持政，使得国家经济日益发展，社会秩序井然有序，开创了“文景之治”的可喜局面。汉文帝坚持以德化民的举措及其所取得的良好成绩，从实践上证明了“道之以德，齐之以礼”确实是安邦定国之道。

[成功关键]

孔子说：“用行政命令来整治百姓，用刑法来约束百姓，老百姓只是勉强控制自己避免犯罪，却意识不到犯罪是可耻的事情；用德来治理百姓，用礼来约束百姓，老百姓就明白做坏事可耻并且能自觉不去犯罪。”

立慧：

心智决定成就

假如一个天才相信自己会变成一个笨蛋，并且一直这样想，那么他终究有一天会变成笨蛋。一个人目前的整体能力是否强劲并不很重要，但他内心的自我评估将决定他的努力结果。一个自信心很强的人常常比一个具有卓越才能但信心不足的人所取得的成就要大得多。

找准要害，危机自解

战国后期，七雄争霸，最终秦国渐强，向东进攻，吓得关东六国联合起来对付，名曰“合纵”。六国合纵力量中，数楚国和齐国最为强大。楚国地邻秦国，所以秦王决定先从楚人身上着手，破坏“合纵”阵线，于是派大纵横家、丞相张仪前去楚国游说。

张仪见到楚怀王，说秦王愿与楚国结好联盟。怀王一听当然乐意，但又怕丢掉六国联盟，日后秦人翻脸进攻时没人援助，正在犹豫，张仪又说：“为了表示结好的诚意，我们大王甘心献上商、于之地六百里。”怀王一听，很是高兴，答应与秦结交。张仪见怀王上钩，又说：“不过，我们秦国历来与齐人有仇，大王若与我们联盟……”怀王为得那六百里地，忙说：“我们马上就与齐断交。”张仪拍手大笑，说：“好，请大王这就派人跟我回秦国去割地。”怀王大喜，忙派逢侯丑随张仪入秦。

到了咸阳，张仪先在酒店设宴款待逢侯丑，约定第二天即见秦王去割地。张仪送逢侯丑上车后，自己诈醉从车上摔下来，不省人事，手下人把他救回府去，逢侯丑只好住在驿馆中等张仪伤好后再同去见秦王。哪知张仪这一伤就是三个月未好，怀王不时派人来催问消息，急得逢侯丑团团转，天天去张仪府上。张仪手下人只推辞主人伤重卧房，无法见客。张仪用此计套住逢侯丑后，马上派奸细去齐都临淄散播舆论，说楚人已得了秦人好处，要与齐断交。眼见得三月有余，逢侯丑再也等不及了，直接去见秦王，说出张仪割地之约。秦

王已听过张仪计谋，说：“割地可以，但楚齐尚未断交，寡人恐受愚弄。”逢侯丑得此话，忙回信给怀王，说一旦楚齐绝交，立刻就可以割地，随后怀王宣布与齐绝交。齐国舆论纷纷，齐缗王已在怀疑，几次派使者追问怀王，怀王都吞吞吐吐。今见楚国宣布断交，勃然大怒，派使者入秦，表示联盟之意。

张仪得此消息，便宣称伤好入朝议事。逢侯丑得信，在路上拦住张仪，说同去禀秦王以割地。张仪故作惊讶地说：“割地？问秦王干什么，我答应的是割我个人的封地六里，不用奏秦王的。”逢侯丑一听中计，气得忙回楚国报信。怀王一听大怒，发兵攻打秦国，结果大败而归，而且丢了汉中，只好又加入六国合纵。一年后，张仪又派使者入楚，说秦楚修好，愿以商于地换楚之黔中。怀王余怒未消，告诉使者：“若秦人把张仪送来，我甘愿送上黔中之地。”张仪一听，自请入楚去换黔中之地。

一到楚都，怀王就把张仪关了起来。哪知张仪早已派人贿赂了怀王宠臣靳尚。张仪被囚，靳尚便照张仪之言，去找怀王宠姬郑袖，说：“秦人为救张仪，正计划送美女来楚交换。那时，夫人的地位便危险了。”郑袖生性嫉妒，不以国家为念，仅考虑一己之得失，忙问靳尚有什么办法。靳尚说：“秦王送美女，不过是要换回张仪。如果马上让张仪回国，秦国自然不用送美女来交换了。”郑袖听了，果然大吹枕边风，撒娇弄宠，非要怀王马上送回张仪不可。怀王本无谋略，因张仪仅为解一时之忿，见爱姬如此要求，为博美人一笑，于是传令送张仪回国。秦人得了黔中之地，更加强大了。

[成功关键]

张仪的连环外交策略，实属妙哉，成功地离间了六国合纵，又不费一兵一卒得了黔中之地，自己毫发无伤，实为大智慧。

这里又可以说明，如果只顾眼前的小利，就会损害根本利益，造成不可收拾的后果。

抓住弱点，掌控全局

晋朝，罗际担任吴县县令。虽说县令是个七品芝麻官，但罗际办案仔细，不徇私情，深得人心。

一天，有位老人痛哭流涕来报案说："我的千里宝马被人偷走了。"罗际关心地问："老人家，你的千里宝马是什么样呢？"老人说："浑身雪白，跑起来脚下生风。是匹四岁口的马，叫白雪神骏。现在让人偷走了，怎么不让我痛心呢？"说着，老人又伤心地哭起来。罗际十分同情，就问老人丢马时有什么动静。老人想了想说："昨天夜里，听见好像是马贩子赶着一群马路过。当时，好像我的白雪马也叫了几声。"

罗际心里有底了。他对老人说："你的马我会想办法找回来的，你静候佳音吧！"老人擦拭泪水，连连磕头，离开了县衙。

罗际令人以官府的名义张贴了告示："令本县接朝廷圣命，以千两白银，买一匹白马，此马要四岁口，可日行千里，浑身如雪。有此马者，望速送来领赏银。"人们看过告示，纷纷摇头说："这种白雪骏马，普通人根本养不起。我们若有这

种好马，早就献上来领赏银了。只可惜，我们连劣马也没有。”

有些大户人家送来了白马，但与布告上说的白雪骏马不同。

过了几天，终于有个马贩子送来了一匹马，这匹马与告示上说的一模一样。罗际把此马和送马人留了下来，派人将老翁叫来认马。那白马一见主人，又是撒欢，又是嘶叫，老人高兴地搂着马，激动不已地说：“我的马终于回来了，谢谢罗大人。”马贩子见势不好，想溜，但早被差役发现，马贩子只得认罪伏法。

马贩子盗马是为了获取钱财，罗县令以高额悬赏为诱饵就使其暴露身份，从而将其抓获。

[成功关键]

人们总喜欢扬长避短，避免使自己的弱点暴露给竞争者，以防被对方抓住把柄。因此熟知对方的弱点，尤其是心理上的弱点，并以此找到突破口，就能使局势向着有利于自己的方向发展，从而驾驭全局。

将计就计，牵出实情

武则天当皇帝后，由于对很多大臣心怀愤恨，因此刑罚很严厉，动不动就满门抄斩。

一次，有人告发大臣崔思竞的哥哥崔宣造反，并说崔宣的小妾知道详情，她想告发崔宣，崔宣看到事情即将败露，便杀掉了小妾，将尸体扔进了洛水。

朝廷很重视这件事，把案子交给御史张行岌亲自审决。张行岌仔细地审查了案子，可查不出任何线索，既不能说有人诬告，也无法证明崔宣谋反。武则天很生气，命令张行岌再审，但审来审去，结论仍和初审一样。武则天大怒道："如果能证明崔宣的确杀了小妾，他的谋反罪状就很明显了；若找不到小妾，他同样也无法洗清自己的罪名。"

张行岌怕武则天怪罪下来，便去找崔思竞，对他说："这个案子如果拖下去，对你哥哥和你都不利。目前，最重要的是，你们必须找到小妾。"崔思竞也早在为这个案子发愁，于是花了很多钱，招募了很多人去寻找这个小妾。但是一连很多天也没有任何消息。然而，他们家里每次商量什么事，告状的人总能很快知道。

崔思竞把事情前后想来想去，觉得告状的人不但是有备而来，而且一定在自己家里安排了合伙者。于是他心生一计，想到从同谋者身上下手。次日，崔思竞同哥哥商议事情，特意大声说："应该用200匹绢雇刺客杀死告状的人。"然后他隐蔽在门前，关注往来行人。不一会儿，一个人走到门前，向看门人说了几句话，看看行人没有留心他，便鬼鬼祟祟地闪进门去了。崔思竞知道这个人，他是崔宣的门客，温州人，很会办事，崔宣委托他办事就像委托自家人一样。

不出所料，告状的人又宣扬说崔家的人要刺杀他。于是崔思竞约这个门客在天津桥碰面。一见面，崔思竞就骂道："你这可恶的畜牲，我们崔家待你这般好，你却出卖我们。若我们败了家，肯定把你也牵连上，说你是同谋犯，看你有什么方法洗清自己的罪名。"之后，他又说："如果你能找到崔家的小妾，我送你500匹丝帛，够你生活一辈子，否则的话，你也要跟着被杀头。"门客既害怕又后悔，忙向崔思竞请罪，

并说出事情原委：原来，告状的人收买了崔宣的小妾，又把她骗出去，藏在自己家中。于是，门客带着崔思竞到了告状人的家里，找到了崔家的小妾。

崔思竞稍一思索，将计就计，机智地采取了应对策略，顺藤摸瓜，使真相大白，崔家免除了一场灭族之祸。

[成功关键]

利用敌人的计谋，顺藤摸瓜，牵出实情，往往能够取得成功。这就是将计就计之妙处。要洞察敌人的计谋，还要做出假象诱惑敌人，以免打草惊蛇。

略出锋芒，魅力凸显

乾隆当政期间，纪晓岚处世一般都不敢太激进，毕竟是饱学之士，深知宫廷禁规，唯有一次，就在内禅大典中，他凸显果断耿直，而且把事情处理得相当圆满。

乾隆皇帝在纪晓岚等起草的禅让大典折上，具体批示要简朴、隆重。纪晓岚尽管参考了历代典籍，可是这方面的记载很空缺。虽然乾隆朱批要简朴，但从政几十年的纪晓岚怎能不知乾隆帝的简朴是假，隆重是真呢？更何况，乾隆的功绩必须由这最后一次政治大典凸显出来。因而，经过与乾隆帝长达三个月研究，修订几十次方才拟定的禅让大典最后朱批允行。

大典之日，紫禁城里金碧辉煌，宏伟壮观的太和殿前，朝服灿然、翎顶争辉的王公百官早已齐齐整整地分班恭候在广场的御道两旁，各国使臣尾随品级最低的官员，分列班尾。

他们的周围，照旧陈设着天子行幸于皇城的仪仗，乐部在太和殿东西两檐下布置好了中和韶乐的庞大乐队，丹陛大乐的乐队则安排在太和门内。

太阳渐渐爬高了，阳光笼罩了整个广场，给浑身瑟缩着的人们带来了一点暖意。一直在不停躁动着的“仗马”和“驯象”也安静下来，排成了笔直的行列。只听乾清门外钦天监的官员朗声高唱：“吉时已到——”霎时午门上钟鼓齐鸣。乾隆皇帝六年前向上天许下的归政嗣子的心愿终于即将实现了。乾隆身着明黄色龙袍乘一顶黄屋小轿出乾清宫，迤逦南行，皇太子永琰身着太子冠服步行于乘舆之后，途经保和殿，来到了太和殿前。此时，钟、鼓、磬、琴、笛、笙等齐奏庄严肃穆的中和韶乐，歌工们则高唱专备皇帝升座时用的《元平之章》：

维天眷我皇，四海升平泰运昌。岁首肇三阳，万国朝正拜帝阊。云物奏嘉祥，乘鸾辂，建太常。时和化日长，重九译，尽梯航。

这歌词是五十四年前皇帝亲自改定的，此刻听来，感到十分贴切，乾隆皇帝心情因此格外愉悦。他缓步走到太和殿正中高高在上的宝座脚下，步履稍显艰难，但仍气势非凡。随扈在旁的大学士和珅有意搀扶一下，被皇帝挥手制止了。皇帝不愿臣下看出他老态龙钟的模样，于是自己缓缓走上阶梯，目不斜视地端坐在宽大的宝座中间。

皇帝头戴红绒结顶的玄狐暖帽，顶上只缀有一颗巨大的东珠。他依然像中年时那样，留着小须髯，但昔日那白皙清瘦的面容已变得暗红臃肿，身体也早已发福了，多亏皇帝原本身材修长，现在看起来，仍显得魁梧硕健。

中和韶乐《元平之章》在皇帝就座之时，恰好终止。丹

陛大乐随后而作，这是特为授受大典时皇太子领王公百官跪拜而填写的《庆平之章》新词。伴随徐缓悠扬的歌声：“御宇六旬，九有浃深仁，勋华一家禔福榛，岁万又万颂大椿——。文武圣神，帝夏皇春——”太和殿内外黑压压的一片人起起落落，向高高在上的乾隆皇帝行了三跪九叩首大礼。

丹陛大乐的余音还在广场上空游移，年高德劭的阿桂与朝中第一权臣和珅指引皇太子款款走到皇帝御座之前跪下，阿桂转身请出皇帝玉玺，跪奉皇帝，酝酿了60年之久的传位大典即将开始最后的，也是最激动人心的一幕。只见乾隆皇帝手捧皇帝玉玺，端详许久，然后身体稍稍前俯，庄重地、虔诚地将象征国家最高权力的宝物——皇帝玉玺授给了跪在脚下的皇太子永琰。在这历史的一瞬间，皇太子正式取得皇帝名号，至少在表面上成了紫禁城和大清江山的主人，而乾隆皇帝则退居太上皇帝，把爱新觉罗家族和大清帝国的命运转交给自己最信任的一个儿子。此时，太上皇帝俯视跪伏在自己脚下的子皇帝，胸中再次涌起了身为“千古第一完人”的无限欣慰。

“太上皇”这个称谓是由中国历史上确定“皇帝”名号的秦始皇首创的，他尊称自己的“父亲”庄襄王为太上皇。那是死后的追赠，自然不足以比拟。太上皇帝心里这样想。汉高祖刘邦虽然尊称其生父亲太公为太上皇，那只是做儿子的施给其父的荣誉。至于后来唐高祖因太宗兄弟阋于墙，唐睿宗怵于武德殷鉴，唐玄宗仓皇入蜀——他们都是为其子所逼，不得不放弃帝位，做一个毫无实权的太上皇而已。宋高宗则外惕强邻，内担逸豫，更不足挂齿。至于远古时期，唐尧、虞舜禅授贤能固然足称盛事，但授受者，都不是一家父子，只能称之为“外禅”。就禅让而言，太上皇有充分理由认

为，眼下的授受大典，不但三代以下所未有，以视尧舜，不啻过之。

确实，清嘉庆元年正月初一在北京紫禁城内太和殿举行的帝位禅让大典，无论其形式还是实质，都堪称中国古代交接国家最高权力的空前绝后的完美典范。

归政盛典为乾隆皇帝树起了又一座也是最后一座政治丰碑。乾隆想到此，心中不由得感到异常振奋，想起“千古第一完人”的美誉，乾隆不由得眉开眼笑。

典礼的前半部分还算比较顺利，而后半部分却出现了一个不小的意外。当皇太子永琰率诸王、大臣恭送乾隆皇帝为太上皇回宫安歇，永琰强压着满心的激动准备登上帝王宝座，礼官纪晓岚正要与司仪王公、大臣分班朝贺时，坐在宝座上的永琰突然制止：“慢!”

纪晓岚赶忙上前，不知出了何事，一问，脸上刷地失去了血色。

原来御案上的传国玉玺不见了。

群臣一下子都傻了眼。

大宝刚才就在御案上，那是个除了皇上没人能去的地方，忽然不翼而飞，一定是让乾隆皇帝给带走了。没有大宝还朝贺什么，还算什么内禅大典？群臣你看我，我看你，谁也拿不出主意。永琰更是急得直搓手，哑口无言，他又能说什么，他又敢说什么呢？大殿上寂静无声。纪晓岚作为礼官，一切都是按照他拟订的计划进行的。可他未曾想到乾隆皇帝会来这一手，内禅大典失败，他如何交代？

刘墉突然开口道：“自古以来，不曾有无大宝之天子，我刘墉愿即刻前往面见太上皇，请各位稍候!”

纪晓岚随着跟出大殿，同刘墉一起来到养心殿：“臣等叩

见太上皇万岁万万岁！”

乾隆皇帝带回皇帝玉玺，心里也颇为烦乱，因为这样做的确不妥，见刘墉、纪晓岚追进来，依然故作惊讶地问道：“你们怎么来了？太子登位，朝贺事完了吗？”

纪晓岚随即答道：“回皇上，诸臣尚未朝贺。”

乾隆皇帝依然假装糊涂地问道：“这是什么缘故呀？”

刘墉性子比较急，见乾隆皇帝仍装糊涂，便开门见山地说：“回皇上，历朝历代以来，天子主政当有大宝在身，陛下传禅不与大宝，百官朝贺，贺出无名！”

乾隆皇帝见话已至此，便说道：“大宝暂由朕掌管，又有什么关系呢？”

纪晓岚见情况要出现僵局，便赶紧给乾隆找台阶下，说：“臣查阅古今，没有传禅不传大宝之先例。陛下素来尊崇古典圣训，今日之事，臣思其罪在臣，未能将历朝载记一一列举向陛下表明。”

不料乾隆皇帝并不吃这一套，大声说道：“此事，和爱卿曾奏请再三，朕也是考虑过了的，现在，朕躬身体尚健，社稷一时放心不下，待朕精力不及之时，再传大宝便是。”

刘墉心想，这样无关痛痒的要来要去，他是不会交出大宝的，索性一语道破，于是说：“陛下恕臣直言。臣以为陛下传大宝，并不妨碍陛下心系社稷。如果陛下以担心天下社稷为由，传禅而不传大宝，天下臣民必有他说，会说陛下念社稷是假，而恋天位是真。”

乾隆皇帝一向标榜自己以天下之心为心，以天下之念为念，听到刘墉这番话，心里不免一惊，捻着胡须思索片刻，道：“太子会这样想吗？”说完他又紧盯着两人，目光中透出威严和疑惑。

刘墉、纪晓岚同声道："太子做何思想臣等不知，臣等确实是这样想的。"

乾隆皇帝不由得捻着胡须，沉默不语。

纪晓岚见事有转机，便又唱起红脸，说："臣思陛下乃太上皇，今后太子一切都会听从陛下，望陛下不必多虑。"

刘墉也不停地给乾隆施压："如今百官皆于大殿等待大宝，请陛下速做决定。"

乾隆皇帝思来想去，觉得自己的做法已被拆穿，况且，不交出大宝即位大典不能继续进行，必然会被天下臣民说三道四。他悔恨自己做了一件傻事，唉叹一声道："朕只是不放心社稷，不想惹出如此误解，既如此，二位爱卿就把大宝带走吧！"

大宝是皇上随身携带之物，现在乾隆皇帝把大宝带回了养心殿，刘墉、纪晓岚当然无权携带。纪晓岚灵机一动，道："陛下，臣以为六十年来，大宝无一时离陛下之身，今陛下随手将大宝带回，实属情理之中。今陛下传禅，若将大宝亲授太子之手，肯定会成为千古美谈的！"

乾隆皇帝一听，觉得这是最体面不过的台阶了，连连称好。

纪晓岚提前一步回到太和殿，另加"传授大宝"一项。永琰按纪晓岚安排，迎于太和殿外，等乾隆皇帝至前，大礼叩拜。随后，父子携手来到御座前，纪晓岚一声"传授大宝"，礼乐齐奏，永琰再跪，乾隆皇帝手捧传国玉玺，放到永琰高过头顶的两只手上。事毕，乾隆皇帝复出殿回宫，永琰接受诸王与百官朝贺，欢呼之声，久久不绝。

从此次波折来看，纪晓岚尽管在乾隆面前"忠"字第一，却不失为"一代谏臣"之称，关键时刻显露果断和耿直。

[成功关键]

智慧是成功的保证，缺乏智慧的人，一生都是个“小工”；纪晓岚以才智纵横天下，总能在关键时刻表现出来，这样就很有魅力。

睿智心策是打开僵局的钥匙

乾嘉时期，表面看来是中国封建社会的盛世，实质是封建社会最专制、最封闭之时，读书人从人格到灵魂，从思想到行动，都被封建统治者奴役着。

纪晓岚好比一只蜗牛，在中世纪封闭坚硬的甲壳中，微微伸探出他敏锐的触须，这柔弱的触须，舒展着一个知识分子灵魂的“表面张力”。当然，再正直的臣子也不得不奉迎皇帝的虚荣心。

和别的国家的文字一样，当中国汉字形成后，即有一定的稳定性，不能无节制地一批又一批地造出新字。但随着社会的进步，有的字逐渐消失，也有少数新字补充进来。因此自古至今的字典，收字量呈现由少到多，由简到繁的趋势。东汉许慎的《说文解字》收字九千三百多，清代《康熙字典》收字四万七千个，现代《中华辞海》收字八万六千个，但不管字典收字是多是少，字的存在是要得到社会认同的。

纪晓岚在造字上就有一件趣事。

一天，乾隆南巡的途中有一次船队驶进一片芦苇荡里，微风吹来，郁郁葱葱的芦苇起伏翻动，船队就如同漂浮在一片碧波之中。乾隆皇帝忍不住俯下身来，从船旁拔了一根苇

尖。苇尖发出“追儿”的声音，清脆悦耳。乾隆皇帝格外高兴，转身问众大臣：“诸位爱卿，可知这草鸣之声当是何字？”接着又拔了一根，又是一声“追儿”，十分清亮。

诸大臣没有料到皇上会提出这样一个怪问题，因为这苇尖发出的响声，字典里并不存在模拟这种声音的字，都清楚乾隆皇帝是在寻开心，一时都不知怎样对答。

纪晓岚刚听到这清脆悦耳的声音，也觉得有意思，注意到乾隆皇帝拔芦苇尖的样子。现在乾隆皇帝提出这个拟声字的问题，把他难住了。

乾隆皇帝见他不说话，便自豪地催促道：“纪昀，你是大清的才子难道你也不知！”

这话确实刺痛了纪晓岚，他想，明明字典上没有这个字，叫我怎么回答。若你一定要我回答，我就造一个吧！

由于汉字传统的造字方法是象形、指事、形声、会意、假借、转注等六书。纪晓岚当时看见乾隆皇帝拔苇尖的姿势，心中突然形成了一个字。于是，他走到乾隆皇帝身边，一本正经地说道：“启禀圣上，这字是这样写法：左边是‘提手’，右边上为‘草头’，草在水中，下为土，此字乃‘㙕’（音追儿）也。”

“为何这样写呢？”乾隆皇帝又问。

“很简单，”纪晓岚解释道，“水在土上，草生水中，以手‘拔’之，‘追儿’有声，字即‘㙕’也。当年仓颉造字不就是这样造的吗？”这话说得不容反驳，因为当年造字，确实由此而来。可是现在字典中又没有这个字，乾隆皇帝知道他在自造字。于是又问道：“为什么字书中不见此字？”

纪晓岚却不急不躁地答道：“此正是圣上赐福。许慎《说文解字》刚开始仅收九千三百余字，后因时、因事、因景、

因需新造，增加了不少字，今圣上再造一字，不正是赐福于万民吗？”

字是纪晓岚造的，他却把功劳安在乾隆头上，皇帝听了自然很舒心，所以哈哈大笑说：“爱卿真会说话。”

众大臣也都佩服纪晓岚打破僵局的应变本事。

[成功关键]

“僵局”是指不知到底该下哪一步棋，该谈哪一句话。有了僵局，你不能听之任之，而是要靠心策把它应付过去。封建官场中的士子们没有几个不是畏头缩尾的，以为自屈自卑苟且偷安是件正常的事！纪晓岚在这种环境中胆敢伸出他那智慧的触须，敢作敢为，有一种敢于打破僵局的心策。

聪明智慧使人永立不败之地

乾隆皇帝在封建帝王中，称得上较为开明的君主，常以从谏如流自我标榜，使忠心报国的大臣们直言敢谏，出现了像刘统勋、裘日修、陈大绶等敢于冒死直谏的一代忠臣，为乾隆时期的政治清明做出了巨大贡献。正因为如此，乾隆皇帝在决定有些事情时，也会面临一些压力，虽然他可以完全置大臣们的反对意见于不顾，独自决定一切事情，但总需要找出恰当的理由，来说明自己所以如此的合理性。每每在这时候，就需要一些大臣为他出谋划策。

民间所传“乾隆下江南”的故事，就是这样的情况。

乾隆皇帝心中最敬佩他的祖父康熙帝，事事效法。康熙六下江南，乾隆也想这样。在经历五次南巡后，他念念不忘

南方秀丽的水色山光和风雅不俗的人文气象，很想第六次南巡，想到大臣们一定会劝谏，自己又想不出适当的理由，所以将纪晓岚召进宫来，密谈两全其美之策，既能顺利南下，又能免去大臣们的阻谏，君臣的面子谁也不伤着。

纪晓岚心里清楚：皇上出行，非同寻常，不但耗费大量的财富，给地方百姓加重负担，而且给国家政务带来许多不便，同时也让地方官员穷于应付，苦不堪言。但此时皇上要他出个主意，要他一同来愚弄那些忠正的大臣，此事却非同小可！一旦传扬出去，他将受到全国上下的声讨，恐怕留下千古骂名，甚至可能在朝中文武的死谏之下，皇上也众愿难违，不好应付。到那时，皇上若为平息大臣们的怨气，翻脸不认人，给他定个“妖言惑君”之罪，推出去当了替罪羊，丢官革爵不说，严重时还会身首异处，株连子孙。到那时，他是有苦难言……想到这里，他有点不寒而栗了。这个计谋，是献还是不献？倒真让纪晓岚犹豫起来，一时拿不定主意。

回到家中后，纪晓岚坐立不安。皇上对他如此器重，他不能不为皇上出谋划策。但是，事关重大，作为人臣，需要万分慎重。此时此刻，皇上历次南巡的传闻，不停地在他的脑海中闪现起来。纪晓岚考虑再三，感到必须寻个万全之策。

纪晓岚苦思冥想，终于理出个头绪，既然皇上去意已决，那是谁也无法阻挡的。但要给皇上寻个名正言顺的理由，却也不容易。

次日，纪晓岚仍在苦苦思索，恰有一友人来访，向他提及一件事：明代皇陵的一座楠木殿被拆了，这些木料是要作清东陵建殿之用。由于这时楠木实在不好采伐，要想找到明皇陵中所用的那样粗大的，国内更是难寻。于是这些木料都运到遵化去了。

纪晓岚听说此事，先是一惊。《大清律条》上有明文规定，盗掘陵墓者属要犯，是要发配充军的。如此乱来，那皇家不是自乱朝纲吗？越想，对此事越厌恶。但这事肯定是奉了圣谕的，否则谁有这个胆量？

“有了！”纪晓岚灵机一动，“我何不这样劝谏皇上！”

纪晓岚主意已定，便在第三天早朝之后留了下来，单独晋见乾隆皇帝。只听纪晓岚奏道：

“吾皇乃圣明天子，自登极以来，文治武功，皆胜往昔。天下承平，万民安乐，皆承圣上隆恩。今万岁年事已高，似思御临江南，视察海疆，巡检吏政，政躬劳瘁，国运昌盛，臣下感戴圣恩，乞望龙体康健，圣上果欲南巡，当有特别缘由才好。”

说了一大堆，仍未转到正题上，乾隆皇帝有些不耐烦了，说道：“纪爱卿，别绕弯子啦，直接奏上来吧！”

“圣上所命之事，臣已写成奏折，恭请御览！”说着，纪晓岚将事先写好的奏折跪着举过头顶。

侍卫人员接过奏折，呈给乾隆皇帝，乾隆皇帝将奏折放在御案上，脸上挂着微笑。展开看时，上面压根儿没提南巡之事，开始盛赞大清国纲纪严明，定国安邦，恭颂圣上是圣明君主，之后写盗墓案迭起，屡禁不止，奏请朝廷严令地方官府，禁绝盗墓之风。再往下看，竟然指责拆毁明陵园的寝殿堂，疏请追查案首，严明法纪，教化万民。奏折义正辞严，言词激烈，完全不像纪晓岚平日的奏疏。

乾隆皇帝脸色由红至白，由白转青，“啪”的一声响，奏折摔在了书案上，龙颜大怒，厉声斥道：“大胆佞臣！朕对你悉心栽培，着意提拔，委以重任，你竟敢胆大包天，无视朕躬，肆意攻忤。大胆纪昀，莫非你长了两个脑袋不成？”

“圣上息怒，微臣纪昀罪该万死！只是臣所奏一折，是受了万岁旨意，才敢这般行事。微臣多次蒙圣上垂怜，万死不敢有辱圣上。恭请圣上明察！”纪晓岚跪在地上，他的声音几乎有些发抖。

“大胆纪昀，朕何曾命你奏上这等胡言！来人！将纪昀拉下去，乱棍打死！”乾隆皇帝显得很激动。

纪晓岚跪在地上，不由得喊叫起来：“万岁爷，臣冤枉啊！臣纵有死罪，恭请圣上开恩，容臣禀完口中之言，再死不迟啊！万岁爷容禀啊——”

“你还有什么话要讲？”乾隆皇帝看着纪晓岚哭得可怜，凄凄切切，动了怜悯之心。

“万岁爷，微臣想圣上御驾江南，当有特殊缘故，方能免去朝臣议论阻谏，才敢冒死呈奏此折。”

“拆掉明陵殿堂，与朕南巡之事，毫不相干！”乾隆皇帝显得平静了许多，但依然怒气未消。

纪晓岚奏道：“万岁息怒，容臣细细论来。普天之下，莫非王土；疆土之上，莫非圣朝所有。拆殿修陵，乃国之所需，本无需参奏。但《大清律条》是立国纲纪，不容违犯。人偷鸡盗牛，皆定处罚；盗墓毁陵更应依法严惩。今域内盗墓之风盛行，如不及时煞住，无数的古墓将被盗掘一空。其中的财宝古物将遍布于民间，朝廷所收万不及一，岂不让人痛惜！吾主圣明，广开言路，从谏如流，臣方上奏陈情；若明知国利受损，而又闭口不言，才是罪该万死！况且万岁谕命，为臣当为圣上巡幸江南表奏，臣不敢有辱圣命，正是为此事上奏。”

乾隆皇帝亦是聪明之人，一听就知道纪晓岚的用意。虽然以皇帝“犯法”，“发配江南”有失体面，但君臣都明白这

是个冠冕堂皇的借口，何必要那么认真呢？于是，乾隆顺利地进行了第六次南巡。

在这次南巡中，又有不少有趣的故事。

一天午后，纪晓岚随着乾隆皇帝出了金山寺，微服来到附近的一个乡村。君臣两人都觉得口渴，便走进一户人家寻茶。这家竹篱柴扉，房屋低矮，不想竟然灶无烟火，衣不遮体，主人面黄肌瘦，几个孩子皮包着骨头，正啼饥号寒。主人见有人进来，有气无力地打了声招呼，便立在一旁，垂泪不语。这幅悲惨情景，真是目不忍睹！乾隆皇帝这时虽水未沾唇，却也不觉得口渴了，忙问是什么缘故导致身世家境如此凄惨呢？

原来这一带每到汛期，堤防毁坏失修，无所遮拦，江水肆意蔓延，禾稼全部被淹没。颗粒无收，赋税又重，所以一家老小难以生活，现在正是青黄不接之时，一家老小只能以野菜充饥。

纪晓岚跟着乾隆皇帝退出院来，正要奏请皇上要官府施以救济，却听皇上道："纪爱卿，可否带有笔墨？"

纪晓岚知道皇上有走到哪里题字到哪里的嗜好，早在身上带好笔墨预备着，于是回道："陛下，笔墨虽然带有，但不曾携带纸张。"

"这也无妨。"乾隆皇帝说道。他转身又向送出门来的主人说："俺给你在门上写几个字，定会有人给你家来送衣食的。"

主人听说，又惊又喜，虽有几分疑惑，但也不妨试一下，所以连声感谢。

纪晓岚磨好墨，乾隆皇帝提笔在手，在柴门的木框上，写下一副门联：二三四五；六七八九。横批为"日南日北"。

主人莫名其妙，但也不在意，由他们写完告辞，自己便回院内了。

乾隆皇帝离开这家门前，回头向纪晓岚问道："爱卿可解其意?"

这副门联，纪晓岚早已猜透，但仍很谦虚地说道："陛下睿智聪颖，圣谋宏深，为臣才疏学浅，解释如有不当，乞万岁恕罪。"

"你尽管说来，无妨。"

"臣以为联中隐有缺衣少食，缺东少西，饥寒已极之意，不知妥否？若此，则请陛下施恩。"

乾隆听完点头称好。

回到金山寺行宫，乾隆下诏要地方官对这一带灾情进行察看，施以赈济，加修堤防，并免去三年的钱粮。纪晓岚侍候着皇帝，免不了又称赞一番。

乾隆皇帝用晚膳时，思索着要乘着这满江明月，起程南行，灵机一动，想出了一个题目，令纪晓岚、彭元瑞过来，说道："刚才朕想出一个上联，两位爱卿可对来?"两人齐声恭请皇帝赐教。

只听乾隆皇帝吟道："寸土为寺，寺旁言诗，诗云：明月扬帆离古寺。"

这一联难度确实不小，既有合字，又有拆字，最后一字还要落到首句的末字上。而且乾隆的末句用的是《千家诗》中的一句，彭元瑞正在思考，只听纪晓岚对道："两木成林，林下示禁，禁曰：斧斤以时入山林。"

乾隆听了大加夸奖。彭元瑞见纪晓岚的对句贴切自然、天衣无缝，并用了《孟子》中的现成句子，并且规劝皇上之意暗含其中，的确是一副好联，难怪皇上连连称好。彭元瑞

想自己也能对得出来，只是不如纪学士灵活，在这方面斗不过他，甘心情愿地认输了。

一路行来，乾隆皇帝看到沿途的风景，时不时出个题目，要纪晓岚来对。比如乾隆皇帝看到岸边乔木葱郁、满山青翠，便想出一个上联："此木为柴山山出。"纪晓岚就用岸旁人家的炊烟对之："因火生烟夕夕多。"乾隆皇帝看到一处池塘的荷叶稠密，含苞欲放的花蕾好像握着的红拳，又口出一联道："池中莲苞攥红拳，打谁？"纪晓岚又以岸边挺拔的剑麻对道："岸上麻叶伸绿掌，要啥？"

这一路，吟出了许多佳诗佳对。

[成功关键]

凡是头脑灵活之人，总会在最无助、最危难之际，静下心来，想出应对时局的高明之策。用智慧去消除可能出现的死路，才有希望看到自己成功的果实。

虚己纳言，借智为智

贞观年间，李世民在论及他的臣下时，时常说某某山东人，某某关中人，言下之意，关陇集团出身的人与山东籍人毕竟有所不同。当时，殿中侍御史张行成正在侍宴，感觉皇上这种说法不利于笼络山东籍官员共同创建国家，便当场跪下进奏："早闻天子以四海为家，不当以东西为限；若如是，则示人以狭隘矣。"李世民闻听后立即意识到自己出言不慎，觉得张行成讲得很对，赏给张行成名马一匹，钱十万，衣一袭。"自是每有大政，常预议焉，累迁给事中。"

贞观二年，李世民与黄门侍郎王珪在宴席上商谈，当时有一美人在李世民身旁侍奉，此美人原是庐江王李瑗的爱妃，李瑗谋反被诛，她就被收入唐宫内。李世民指着美人对王珪说："庐江王荒淫无道，阴谋杀害了她的丈夫而将她占有。庐江王残暴淫虐无以复加，怎么会有不覆灭的道理啊！"王珪离开席位问道："陛下认为庐江王强行夺取这个美人是对还是错？"李世民说："哪有杀了人又强制夺取别人妻子的道理！你怎么问我这种做法对不对，为什么？"王珪答道："我从《管子》书中知悉，齐桓公到郭国去，问郭国的父老乡亲：'郭国因什么而亡国？'郭国的父老乡亲说：'因为我们的君主喜欢善良的人而憎恨邪恶的人。'齐桓公说：'若像你们所说的那样，郭国的君主就是一个贤明的君主了，怎么还会亡国呢？'郭国的父老乡亲接着说：'不是这样。我们的君主尽管喜欢善良的人们但却不能重用他们，虽然厌恶邪恶的人们但又不能远离他们，因此使国家灭亡了。'"

李世民一听就明白王珪在说自己像郭君一样，于是笑而不语。果不其然，王珪说："庐江王暴虐不道，杀人夫夺人妻。今此妇还在陛下身边，臣私下以为陛下以庐江王为是，陛下若以庐江王为非，则谓恶恶而不能去。"

李世民听王珪谈古说今，委婉进谏，所言又切中要害，心里非常高兴，连连称赞王珪说得很对，于是立即下令把这个美人遣还给他的亲族。

贞观中期，李世民派使者去西域立叶护为可汗，使臣还未回来又派人拿着许多金银绢帛，到西域各国买马。魏征进谏说："今天派使臣以立可汗为名，可汗还未立，就又派人到西域各国买马，他们肯定认为您意在买马，而不是专为立可汗一事。可汗得立，也不会心存感激；不得立，就会心怀怨

愤。西域各国听到这个消息，将不会尊敬中国。只要使那些国家安宁，他们的马不求自到。过去汉文帝时，有人献千里神驹，汉文帝并不以为奇，拒绝说：‘我在巡幸祭祀时日行三十里，行军打仗时日行五十里，銮驾在前，属车在后，我独自乘着千里马，将到哪里去呢？’于是赐给那个献马人路费，让他带着千里马回去。汉光武帝时，有人进献千里马和宝剑，光武帝用千里马载鼓车，把宝剑送给骑士。从陛下的施政行为来看，已经远远超过禹、汤、周文王，怎么到现在又要居汉文帝、光武帝之下呢？还有，魏文帝到西域搜求购买大宝珠，大臣苏则说：‘若陛下恩德遍及四海，那不用索求，珠宝自然会来，搜求购得就不足为贵了。’陛下即使不景仰汉文帝的崇高品德，那么，苏则的话，不让人生畏吗？”

李世民见他说得在理，很为自己虑事欠周而悔恨，于是接受魏征建议，当即决定不去西域买马。

李世民即位后勤于政务，在某种程度上兼行将相之事，与汉高祖委军政于萧及曹韩彭有所不同。李世民以此为得意，不可能没有负面影响，张行成上疏谏曰：“有隋失道，天下沸腾，陛下拨乱反正，拯生人于涂炭，何周、汉君臣所能拟？陛下圣德含光，规模弘远，虽文武之烈，实兼将相，何用临朝对众与其较量，以万乘至尊，共臣下争功哉？臣闻‘天何言哉，四时行焉’；又闻‘汝惟不矜，天下莫与汝争能’。臣备员枢近，非敢知献替之事，辄陈狂直，伏待菹醢。”

李世民很为信服，于是采纳了他的建议，并使张行成转任刑部侍郎、太子少詹事等职。

贞观十七年，散骑常侍刘洎见李世民每每与公卿辩论古人治国之道，而且常常诘难往复，认为这样不妥，便上疏进谏：“帝王之与凡庶，圣哲之与庸愚，上下相悬，拟伦斯绝。

是知以至愚而对至圣，以极卑而对极尊，徒思自强，不可得也。陛下降恩旨，假慈颜，凝旒以听其言，虚襟以纳其说，犹恐群下未敢对扬。况动神机，纵天辩，饰辞以折其理，援古以排其议，欲令凡庶何阶应答？……窃以今日升平，皆陛下力行所至。欲其长久，匪由辩博……至如秦政强辩，失之心于自矜，魏文宏材，亏众望于虚说。此才辩之累，皎然可知。伏愿略兹雄辩，浩然养气，简彼缃图，淡焉怡悦，固万寿于南岳，齐百姓于东户，则天下幸甚，皇恩斯毕。”

刘洎谏李世民少与臣下雄辩，句句有理，李世民表示虚心接纳，降手诏回答说：“非虑无以临下，非言无以述虑。比有谈论，遂致烦多。轻物骄人，恐由兹道。形神心气，非此为劳。今闻谠言，虚怀以改。”

在贞观十四年，李世民准备到栎阳狩猎，而时任栎阳县县丞的刘仁轨看到当时田里的庄稼还未收完，便以此时不是君王顺应天时打猎之机为由，亲自赶到李世民的住所，上表诚恳劝阻。李世民听后马上中断正在进行的打猎准备，并提拔刘仁轨为新安县县令。

贞观十年，侍中魏征多次以“目疾”为由请求担任散官，辞去原来职务，李世民答应下来。尽管如此，魏征仍然经常向李世民直言进谏。

由长孙皇后所生、太子承乾的弟弟魏王李泰，聪明过人、智慧超群，深得李世民的喜爱。贞观十年，有人对李世民说，朝中三品以上的大臣都看不起魏王，李世民为此大怒。他驾临齐政殿，召见三品以上的朝中大臣，待他们坐下后，就大发雷霆，声色俱厉地说：“我有话要向大家说。以前天子就是天子，如今的天子就不是天子吗？以往天子的儿子是天子儿，如今天子的儿子就不是天子儿吗？我的儿子，我当然不会允

许他们放纵骄横。倘若放纵他们，不就是捉弄困扰你们大家吗？如今为何有人轻慢魏王呢？”宰相房玄龄等一批文武大臣，闻听皇上谴责，皆惶惧流汗，唯有魏征严肃地进谏说：

“当今朝中的各位大臣肯定没有鄙薄蔑视魏王的。但是，在礼仪上，臣子、儿子是同等的。经传上称，帝王身边的人虽然低微，结果却排列在诸侯之上。至于诸侯，任用他们为公，就是公；任用他们为卿，就是卿。倘若不是公卿，就势必在下侍奉诸侯。现在朝中三品以上的官员，地位与公卿同等，都是天子的大臣及陛下所礼敬优待的。即使他们小有过错，魏王怎么能够随便对他们加以侮辱？如果国家的法制伦理已被废弃败坏，那当然不是我所能知道的。在当今圣明的时代，魏王怎么可以如此作为？况且隋文帝不清楚礼义，宠爱骄纵诸位王子，使得他的儿子们干出许多无礼之事，不久就因犯罪而遭到罢黜。王子们不能作为榜样，又有什么值得称赞的呢？”

李世民闻谏后喜悦地说：“理到之语，不得不服。朕以私爱忘公义，向者之忿，自谓不疑，及闻征言，方知理屈。人主发言何得容易乎！”

早在贞观三年时，李世民下诏宣告关中免除两年租税，全国免除一年徭役、租税。随后又有文书说：已经抽调服役的仍遣送服役，已经缴纳租税的仍要完成税赋的任务，明年再合计作为依据准予折算。对这一做法，给事中魏征觉得很是不妥，因此上疏说：“臣下看到了八月九日的诏书，国土之内都免去一年的劳役，天下老少欢乐，载歌载舞。听说又有敕令，应当或已经分配服役的，命令服役期满就此折合造册，剩余物资也远送了结，等到明年一总为其抵折。路经之人，皆感失望。这确实是让老百姓平均分担，均同七子一样。但

是天下的百姓开始都很为难，日常生活费用不足，都以为朝廷追悔前言，三心二意，朝令夕改。微臣私下听说，上天所以辅佐你，是因为你讲仁义；人民之所以帮助你，是由于你讲信用。现陛下刚刚登上帝位，万民百姓在察看陛下的品德。刚开始发号令，便有两种意见，使八方之外的人民都生疑心，失去永久的信用。即使国家处于极端困苦危难之中，也绝不可这样办，况且在稳如泰山的安定日子里，而专断实行这样的事情！陛下规制这样的命令，在财利方面或许有小的裨益，在道德大义方面却是很大的损失。臣下的确无谋、见识短浅，私下替陛下可惜。但还是希望稍微浏览一下微臣所言，仔细地选择有利之处。即使有冒昧之罪，也是臣所心甘情愿的。”

李世民看完魏征的章奏，觉得很有道理，哪里还能批驳？明白魏征一心为了山东、河北地区的百姓，为了唐朝的长治久安，于是从善如流，仍然按前诏行事。

贞观十三年，谏议大夫褚遂良鉴于每天宫中特意送给魏王李泰的东西超过了皇太子，上疏劝谏说：“以前圣人制定礼法是尊从嫡子轻视庶子的。身为太子，地位仅次于皇上，极为矜贵尊重，其日用之物不加限制，钱财货物与君王共同享用。其他诸子身份低贱，不能拿嫡子来对比。这样的制度是用来阻止嫌疑的增加，清除祸乱的根源。先皇一定是根据人情来制定礼法的，懂得国家要安稳有序，必须先分清嫡、庶之别。这样，庶子虽被宠爱，也不得超过嫡子。嫡子的主导地位必须得到尊崇。如果不能清晰地确立他们的地位，而使应当亲近的反而疏远，理应尊崇的反而卑下，就会导致那些佞巧奸邪之徒乘机活动，因私宠破坏国家制度，惑乱人心，扰乱国家。”

褚遂良说：“臣以为陛下功德千秋，道冠百王，发号施

令，垂范万世。因陛下日理万机，或偶有疏失，臣子的职责就是谏诤，不能允许对此保持缄默。臣见供应太子的财物相反比魏王少，朝野之间若所说此事，一定认为这样的做法欠妥。我听说《左传》上有这样的话：‘宠爱子女要用行事的规章去教育他们，忠诚、孝友、谦虚、勤俭，便是行事的规矩。’过去汉代的窦太后及汉景帝都认识不到这些理论的重要性，于是骄纵梁孝王，赐给他四十多座城池，花园方圆三百里。梁孝王大肆修建宫室楼阁，积蓄的财物数以万计，进出僭用皇帝的警跸礼式。因为养尊处优，以致后来稍有不适便发病而死。汉宣帝也骄纵淮阳王，后来淮阳王起义谋反，几乎造成国家败亡，幸亏有忠直之臣的辅助才得以幸免于难。何况魏王李泰刚刚出就藩封，希望不要违背礼义，给他选好师傅，经常用正反两方面的经验教训来开导他，既要求他勤俭节约，又规劝他认真读书，使他忠孝两全，并对他导之以德，齐之以礼，这样才能使他成为国家的可选之才。此即圣人施行教化，态度严厉就使人成器。”

褚遂良的谏言识大体、通大义，给李世民留下了极好的印象，于是，李世民全都接受了他的意见。

贞观五年，权万纪与侍御史李仁发，俱以告讦有宠于皇上，诸大臣因此而屡次被谴怒。二人因此更加有恃无恐，大臣们深感畏惧，一时无人敢言。魏征却挺身而出，义正辞严地向李世民进谏说：“权万纪、李仁发都是小人，不识大体，以诬谄、攻讦他人为能事，把攻讦他人看作正直的行为。可陛下却看不到他们的短处，而以为他们的话都对，使得他们肆无忌惮地利用奸计，攀附君主，欺压下属，做出许多违礼背义的事。您并不是因为这两人有什么深谋远虑而觉得可以把重大责任交给他们，只是想利用他们无所避忌的行为来警

告群臣而已。这样做很没必要。既然你不能任用贤人以推崇道德，那么就可用奸臣来损伤自己吗？”

李世民自然不愿以损伤自己为代价来起用奸臣，于是乐于接受魏征的提议，赐给魏征绢五百匹。

贞观时期上封事的人不少，有的提出的批评不切实际，李世民很厌恶，对这些上封事的人想加以责免。魏征劝谏道：“古代帝王在门前树立谤木，让别人指出自己的错误。现在的封事，其作用就和过去的谤木一样。陛下想知道施政的得失，应当让大家尽情发表意见。说得对呢，于朝廷有益；说得错，对朝政也没有害处。”李世民顿时高兴起来，对那些上封事的都加以慰问，深表感谢，很礼貌地打发他们回去。

[成功关键]

君主治天下事，岂必能尽无失？求言于臣，使其随事而言之，言如有理，便俯首以纳之，驭群臣使之同心不倦，正己身而致升平之世，聪慧之智者，何如李世民哉！君臣上下，各尽至公，共相切磋，方能以成治道，认识到这一点，在到了使谏之后，李世民极力以求虚己纳言。他认识到人君高居九重天，很难明察秋毫；一人听断，难得尽善尽美。因此，须有良臣时时辅助，方能匡正己过。而谏诤之人，呕心沥血以表竭诚，穷思竭虑尽献其责，若能集思广益，尽招其睿智之语，必得天下大治。有鉴于此，对于忠正之言，只要于国有利，李世民总是能放下帝王之尊，俯首以纳之。

知己知彼，从容周旋

为人处世，若能做到“知己知彼”，就会变不利因素为有利因素，提高自己顺畅行事的几率，使自己的人生大放光彩。

“知己”，就是认真概括自己的优、缺点，“知彼”就是通过深入了解认真剖析，把握别人的长处和短处。扬己之长，避己之短；利用敌人的短处，掌控别人的长处，实现一切为我所用，最后使自己自由旋转于人生的舞台。只要做到“知己知彼”，就会做到百战百胜。

和珅知道乾隆生性喜铺张，所以，他多次巧妙安排乾隆巡幸江南，每到之处极尽奢华之能事，他还主张为乾隆扩建宫室，修造园林，多方筹集钱财扩建圆明园和承德避暑山庄。为了更好地满足乾隆的各种铺张的需要，和珅设计出了多项广开财源的措施，收得的银两绝大部分供乾隆一人挥霍。乾隆还是一位风雅的君主，他喜欢收藏古董，见了稀有的画册、墨迹，比金银都能令他高兴。和珅为此利用各种机会四处搜罗，将各地的官员、富商进献给他的珍稀古玩，挑拣出好的进贡给乾隆。天长日久，各地欲向和珅行贿的官员也都知道和珅喜好古董，多拿先人的遗珍来贡奉了。

乾隆末年，嘉庆初年，襄阳一带以齐林、王聪儿为首掀起了声势浩大的白莲教起义，起义军声势浩大，极大地震惊了清朝统治者，令已经禅位归政的乾隆整日寝食难安，忧心忡忡。

有一天，乾隆单独召见和珅，等到和珅进入后宫，看到乾隆面南而坐，而已登基称帝的嘉庆，则只坐在乾隆旁

边的一个小凳上。和珅跪在地上，过了很久也不见乾隆说话，乾隆闭着眼睛好像睡着了一样，只是口中念念有词，好像在说什么。嘉庆竖起耳朵，努力想听清楚，却终究无济于事，不明所以。过了一会儿，乾隆突然睁开眼睛大喝道："那人叫什么名字？"跪在地下的和珅不假思索立刻回答道："徐天德，苟文明。"乾隆不再言语，继续闭起眼睛默默诵读着什么，过了大约一个时辰才打发和珅出来，其间没有同和珅说一句话。

嘉庆大为惊奇，过了几天，秘密地传见和珅，问他说："上一次，父皇召你进宫，他说的是什么，而你回答的那六个字又是什么意思。"和珅颇有些得意地说："太上皇背诵的是西域盛行的一种秘密咒语，默诵这种咒语，被诅咒的人虽然远在几千里之外，也会突然死去，所以，当时太上皇问及之时，我就用白莲教匪首徐天德和苟文明的名字来应对。"嘉庆听了十分惊愕。

由这件事，可以窥见和珅对乾隆已经到了心思一动，无所不知的程度，乾隆口中默然念诵咒语他都听得出来，而且会立刻联想到乾隆所为何事，连坐在一旁的嘉庆帝都莫名其妙。和珅对乾隆了解到此，乾隆又怎么能不以他为左右手呢？

和珅善于分析乾隆的内心世界。早在他还在咸安宫官学读书的时候，就四处搜罗乾隆的御制诗作，加以研究。一个人的心思，尤其是像乾隆这样贵为人君的人，每天都生活在众目睽睽之下，举手投足都不得不有所收敛，内心世界往往隐藏在外表下，唯有看过他的诗作，在不经意中或许透露出一些端倪。

和珅对乾隆的几万首诗都了如指掌，而且刻意模仿他的

笔法。和珅经过多年的体会观察，了解到乾隆虽然贵为天子，但他也是一个普通的人，同天下任何一个普通百姓一样，有着平凡的幸福和忧愁，也有普通人的种种小毛病，如强烈的虚荣心等。因此，和珅对待乾隆也许比其他人更能把他当作一个普通人来看待，与他一起幸福，一起悲伤。

亲情人皆有之，乾隆对其母和自己的众多儿女也充满了一个普通人应有的感情。乾隆的母亲皇太后去世的时候，乾隆十分悲痛，在灵堂长跪不起。此时的和珅不是像其他大臣一样说一堆无关痛痒的宽慰的话，而是默默地陪在乾隆身边，寝食不思，茶饭不想，几天后，形容枯槁，面无血色。对于乾隆的女儿和孝公主，和珅也像对朋友的孩子一样，在谦恭中透着关爱和亲切，让她的童心得到满足，作为父亲的乾隆也非常高兴，最后竟决定把公主下嫁给和珅的长子丰绅殷德。

人的内心世界最为复杂多端，难以揣测。但是，一旦你掌握了别人隐蔽的内心世界，就可以翻手为云，覆手为雨，将别人的一举一动都掌控在手，即便是拍起马屁来，也能一语中的，不至于费力还不讨好。和珅凭借他多年在乾隆身边服侍，对乾隆的内心世界揣摩得一清二楚，每走一步都刚巧落到乾隆的心坎上。

[成功关键]

知己知彼，才能百战不殆，这是兵法，也是办事之法，若是想走稳路的人都要深知其理。

不尚力而尚谋

刘伯温的个性，就他的智力来看，虽然比较呆板愚钝，但还可以算是中等。胡哲敷写的《刘公治学方法》中，说起刘伯温的才智，他说："刘伯温的才智，并不能算聪明，老实点说，他的确是个很愚钝的学者，在他的日记和家书中，时常见到他说自己本性鲁钝，如果他自己不说，我们只要翻翻他修己、治人、齐家、读书等事情，不无一处见到他的鲁钝或是拘拙。"

刘伯温可以算作中才，他自己写的《五箴》里也曾谈到。他写文章，则是仿效经史百家；学诗又是完全学习十八家诗，所以看得出刘伯温并非天才，当然也绝不是低能者。刘伯温意识到自己天性鲁钝之后，就崇尚专心踏实，由于勤学好问，遇到困难激励自己去克服，逐渐高明起来，这是平常人难以做到的。

刘伯温的个性，就意志来讲，是很坚强的。这在刘伯温的家世中也曾提起。龙梦荪的《诚意伯学案》序中写道："遇到困难激励自己去克服，力图赶上先前的贤人；下定决心立即行动起来，自己不甘流于卑俗。即使遇到千般艰苦的事情，也不改换自己的决心；即使遇到千难万险，也没改变自己的志向。坚贞自信的人，不受外界的改变；狂妄的人必然不能坚持，古人的话果然是对的。"这些话把刘伯温的坚强意志刻画得淋漓尽致。只有意志坚强，才能遇到困难而不放弃，不追逐于眼前的功利，才有巨大的成就。

刘伯温的个性，就其发展来看，与其年龄的增长也有很

大关系，早年时期，举止行为十分活泼，而且态度乐观，但也不免有些轻浮，估计是和多血质有关。到了晚年，经历了许多艰难挫折，对世上的事情，也看得非常清楚，因而一举一动都权衡利害，深思熟虑，即使因为过于谨慎小心而受人非难，也在所不惜。

刘伯温的个性殊异，都是靠勤奋、踏实、观察、学习而得来的。

明智地对待别人要比明智地对待自己来得更顺畅自然。

越王勾践与群臣欢宴，说起吴王夫差之亡，认为其缘故在于杀了忠臣伍子胥。群臣听了，都不出声。

此时，大夫子余站起身来说道：“我曾去过东海。东海海神如果在青渚游玩，北海海神禺疆来和他相会，鱼鳖等随从者，各按一定的次序来拜见。看见夔用单脚跳出，鳖忍不住伸长了脖子大笑，夔问他为何笑，鳖说：‘我笑你独腿跳跃的样子，害怕你会摔倒。’夔说：‘我独腿跳跃，和你一颠一颠地爬行，不是大同小异吗？况且，我用一腿，你用四腿；你虽有四腿，却连身体都不能支撑，还笑话我吗？你若踮着脚走，则脚胫顿觉疲劳，若拖着身子爬行，又会损坏肚皮，成日慢腾腾地爬，能行多少路呢？你干嘛不担心自己，反而为我担心？’现在，大王杀了大夫文种，范蠡吓得逃走，越国已没有治国的贤士了！我担心诸侯笑您的日子为期不远了！”

越王听了，沉默不语。

“人贵有自知之明。”这是老生常谈，但真要做到，并非易事。

刘伯温的个性决定他不善力而善谋，这在其兵书《百战奇略》中有两段精彩的议论。刘伯温认为凡是敌方一开始就用计谋，我方也该用计谋去应付他，最终使对方的计谋难以

施行和实现，屈服认输。兵法上说：用兵的最高境界是用柔略战胜敌人。

[成功关键]

心理学家早已证明：人是有个性差异的，也有聪明与愚笨之分。同样一件事，一个极其聪明的人迅速就会处理完，愚笨的人就会是另一种结果。

及时发现隐患，及时解决

宇文氏皇族中的六位亲王发动了一起又一起的夺权事变，谋划重新夺回朝廷大权。杨坚成功地粉碎了“六王”之谋。六王指赵王宇文招、陈王宇文纯、越王宇文盛、代王宇文达、滕王宇文逌、毕王宇文贤。恰逢杨坚全心东讨尉迟迥这一机会，六王设圈套谋杀杨坚。道高一尺，魔高一丈，杨坚坚决应对。他们的阴谋活动未能如愿。五王进京时就被严密监视起来，杨坚首先下手，捕杀了宇文贤和他的三个儿子。杨坚只打击了首恶，而对其他五王的罪行没有追究，给五王以带剑穿履进殿，进朝不用疾步趋行的特殊礼遇，来安抚他们的心。

北周大象二年（580）七月底，关东之乱遍地，赵王宇文招等又设圈套谋杀杨坚。

一天夜晚，杨坚应邀入赵王府赴宴。在这么一个非常时期，杨坚想，此必是“鸿门宴”，但他竟自带酒菜前往应酬。在酒菜中自然无机可乘。宇文招把杨坚引入内室，他早藏刃于帷席之间，隐藏壮士于室后。杨坚一入内室顿觉空气紧张，

屋子里除了赵王宇文招外，还有佩刀站立两旁的宇文招之子宇文员、宇文贯和王妃弟弟鲁封。杨坚的侍卫有族弟、开府仪同三司杨弘和大将军元胄，坐在门旁的位置上。

七月的天气燥热，宇文招抽出佩刀切瓜递给杨坚吃，企图借机行刺。元胄一看，忙起身上前，说道："相府有事，(丞相）不可久留。"

宇文招大声呵斥道："我与丞相言，汝何为者！"

元胄手不离刀柄，眼似铜铃，异常警觉。

宇文招主动缓解紧张气势，赐元胄酒说道："吾岂有不善之意耶！卿何猜警如是？"元胄心里暗骂，闭口不语。

当场行刺已不可能，宇文招又施一计。

他佯装呕吐想脱身去后阁，元胄忙起身拦阻，扶令上坐，如此再三。他又假说口干思饮，令元胄去厨房取些水来，元胄置之不理。宇文招和元胄正在僵持之时，滕王宇文迪前来问候，杨坚起身相迎。元胄看准时机，与杨坚耳语："事势大异，可速去！"

杨坚说："彼无兵马，何能为！"

元胄说："兵马皆彼物，彼若先发，大事去矣。胄不辞死，恐死无益。"杨坚再次入席。

此时，元胄听到门外有穿铠甲的声音，便快步向前，命令杨坚："相府事殷，公何得如此！"说罢，挟持杨坚离座而出，直趋房门。宇文招起身便追，被元胄拦住。

杨坚脱离了险境，顺利返回。宇文招恨事未成，弹指出血。

回到丞相府，杨坚以谋反罪诛杀了宇文招、宇文盛，一起被诛杀的还有他们的儿子和鲁封。

皇族宇文氏绝不甘心自己的失利，又数次寻找时机谋害

杨坚。因有元胄、李圆通等人的保护，他们的阴谋始终没有得逞。

元胄，北魏昭成帝的六世孙。河南洛阳人。他多武艺，美须髯，有不可犯之色。过去是齐王宇文宪的贴身侍卫。宇文宪死后，与杨坚倾心结交。杨坚赵王府脱险，元胄立头功，进位，武陵郡公，官拜左卫大将军，出为豫州刺史，还赐予大量金银。后来，杨坚做了皇帝，曾对侍臣说：“保护朕躬，成此基业，元胄功也。”

李圆通之父李景是杨坚父亲杨忠的军士，李景和杨忠家婢私通，生下了李圆通，始终留在杨府。杨坚执掌周政，因李圆通机智敏捷，长于武用，委以心腹，一直不离杨坚左右，保护非常周到谨慎。杨坚建隋，李圆通官拜内史侍郎，领左卫长史，最终进位大将军、兵部尚书，在官途上平步青云。

六王之谋尽管平定了，但此后杨坚却多长了一个心眼，他认为应当“妥善”处理这些皇亲。于是在杨坚称帝后，于二月十九日下诏，封原北周末帝宇文阐为介国公，邑5 000户，为隋室宾。旌旗车服礼乐，一如其旧。宇文氏诸王，全都降爵为国公。原北周皇太后杨丽华改封乐平公主。起初刘昉、郑译矫诏以杨坚辅政，杨太后虽未与谋，但闻之相当高兴，以为幼小的嗣子有了靠山。后杨太后知其父有代周之意，非常不平，形于言色。及杨坚称帝，杨丽华越发愤恨。又令她改嫁，她誓死不从，隋炀帝大业五年（609）卒，年49岁。新朝建立后，虞庆则劝杨坚尽诛宇文氏皇族，正合杨坚之意。时高颎、杨惠也依违顺之；依违者，心认为不可，而不敢言其不可。李德林固争，以为不可，被杨坚斥之为“书生气”。于是一批宇文氏宗族皆被诛杀。9岁的北周静帝宇文阐杨坚也不放过。开皇元年（581）五月，杨坚下令杀害宇文阐，以绝

北周根苗。宇文阐被害后，杨坚为之举哀，谥为静皇帝，葬于恭陵。一副伪君子的脸孔。

事实上，杨坚诛杀宇文氏皇族并非是在他称帝后才进行的，早在他入主周政后就开始了。杨坚是用宇文氏家族的血洗涤通往皇宫之路的。

大象二年（580）十月末，禁卫军收到大丞相杨坚的密旨。灾难首先降临到陈王府，陈王宇文纯和他的3个儿子宇文禅、宇文让、宇文义被诛杀。此后一年多里，被诛杀的周朝宇文皇族及宗室总共51人。

除上之外，杨坚认为“对立面”的名单显然是根据当时的政治形势还有他的个人好恶而制定的，很不完整，至少还应该加上于氏和窦氏家族代表、柳裘、皇甫绩、韦谟、李德林、贺若谊，以及在原先获罪受黜或被诛的刘昉、宇文忻、梁士彦、卢贲、王谊、元谐等十多人，合起来至少有三十名。

可以清晰地看出，来自代北塞上的军事贵族与关陇河东的世家大族基本上都站在杨坚一边，而这两者的结合曾经创建了北周王朝，因此，这种局面的出现，意味着北周政权的政治根基已经发生实质性的转移。具有很大的政治实力和声望，并一直处于或接近于权力中枢地位，这些必备条件已经毫不怜惜地淘汰了大部分野心家，而且，经过长期的民族融合之后，新一代统治者不可能由没有民族融合的经历与胸襟的汉族世家来担任，同样，纯粹少数民族也不能被广大汉族所接受，所以，只有像杨坚这种起自社会基层、深受少数民族习俗熏染、既混血又能够冒充中原世族的汉人才能为胡汉双方所接受。杨坚的脱颖而出，既是时代的要求，也反映出当时民族联合（特别是在少数民族政权下汉族的地位与作用大幅度提高的条件下）以及社会经济文化恢复与发展这两个

历史进程所达到的水平。

上述功臣，涵盖了一个值得重视的变化，即出身于原北齐旧境的山东世族不但占有很大比例，而且在关键时刻起了至关重要的作用。他们和关中、河东的汉人世族有共同之处，都想通过拥戴具有汉族血统的杨坚取代少数民族的宇文氏，取得汉族的领导地位。很明显，杨坚比宇文氏具有更大的代表性，支持他的社会阶层更加广泛。

获得如此众多的支持，杨坚已经不需要过多的顾虑，可以更加主动地进行改朝换代的预备。他以襄助军机为名，调送名士薛道衡到梁睿军中，趁机劝道：“天下之望，已归于隋。”让梁睿上奏劝进，进而争取到西南军政首脑的拥护。随着各个战场的节节胜利，杨坚声望越发隆盛，文武百官更是纷呈忠款，上表劝进。这些献计效忠的人无不得到杨坚的赞赏，因此飞黄腾达。显然，劝进已成为官吏政治态度的试金石。

杨坚坚决铲除异己，自有其道理。隋朝开国之际，杨坚重用的苏威跑回老家躲避，此事十分典型地反映出当时官员的心态：他们固然支持杨坚，但仍然觉得其夺取天下并不骄傲，甚至有点不仁不义，就连苏威、窦炽都要惺惺作态，何况他人？杨坚深知此点，因此，他对于表面顺从的北周旧臣都先加拉拢，同时，拿北周宗室开刀以震骇群下，令他们死了复辟北周之心，以防后患。诚然，滥杀前代宗室在南北朝动乱时代司空见惯，然而，北周组织构成的特殊性和杨坚上台的偶然性，都使得这场大屠杀给隋朝留下了惨重的内伤。

周静帝大定元年（581）二月十四日，杨坚即位后，任命了第一批大臣，相国司马、渤海公高颎任尚书左仆射兼纳言，相国司录、沁源县公虞庆则为内史监兼吏部尚书，相国内郎、

咸安县男李德林为内史令，这三人分别掌管尚书、门下和内史三省，成为新王朝的宰相。韦世康任礼部尚书，元晖任都官尚书，元岩任兵部尚书，长孙毗为工部尚书，杨希尚为度支尚书，这些人为尚书省六部长官。杨雄任左卫大将军，统军禁军。新执政名单显示出中央禁军和财政部门由杨氏宗亲掌管，体现出以杨坚为主导的治政体系。

[成功关键]

善做人谋事者，总能及时发现隐存的问题，然后提前解决，尽量避免给自己带来麻烦。杨坚提出铲除自己的“对立面”，就是如此。

“对立面”，就是指异己者。这些人常常会制造隐患。从其他角度言，做人为事最忌讳出现隐患，堵住隐患之洞，是时时刻刻都需要注意的。杨坚是这样做的：掐灭隐患，消除内乱。

这种除掉对立面的做法是杨坚一贯的做人谋事之道。

立名：

成事先成名

谦虚地表现自己，是让别人认知自己的一种手段，只要拿捏得恰到好处，往往会收到意想不到的结果。有很多事情的成功要靠自己去争取，要善于借势，造势，增加影响力，并用自己的人格魅力去感召别人，这样你的事业就会做大，做强。

正人者先正己

对于身居高位的为政者，端正自己的行为可谓至关重要，它不仅关系自身的修养境界，而且关系部下群众的心理感受，由此引发的行为，直接影响到自己的政绩和功业。西汉名将李广的一生，虽时运不济，终其一生未能封侯，但其正直宽广的德行和胸怀，以及不可磨灭的功绩，千百年来已在人们心中树立了丰碑。

李广，西汉陇西成纪（今甘肃秦安西北）人。善骑射，每射敌，即应弦而倒，并有才气，天下无双。汉文帝刘恒曾赞赏他："令当高祖世，万户侯岂足道哉！"

汉景帝刘启时，李广随太尉周亚夫击吴楚七叛国军，攻取敌人的军旗，名声大扬。后改任上谷太守。辗转为上郡、陇西、北地、雁门、代郡、云中等边郡太守。他机智勇敢，所在各郡皆以善战闻名。

汉武帝刘彻时，朝廷以李广为名将，改任未央卫尉。后任北平（今辽宁凌源西南）太守。匈奴称他为"汉之飞将军"。一次，他出去打猎，误认丛中一块巨石为虎，一箭射去，把整枝箭镞射入石中。他闻知当地有猛虎出没，常亲自带人去射虎。一次，他被虎所伤，但终将猛虎射死，为当地百姓除了一害。

李广不仅是一位骁勇善战百发百中的神箭手，而且还是一位体贴士兵、廉洁奉公的将军。他历任七郡太守，有四十余年，每得到朝廷赏赐，马上分赏给其部下，同士兵一起吃喝。但他家无多余的财产，始终不过问家产的事。加上他平

日对下属宽缓不苛，所以士卒都爱戴他，很愿意被他任用。司马迁在《史记·李广传》中称赞不已：“‘不令而行’。这不正是指李将军吗！”

元狩四年（前119），这位年过六旬、身经百战的宿将李广，自告奋勇随大将军卫青再次带兵攻打匈奴，因迷路误期被责，遂自到身亡。李广为人光明磊落，胸怀坦荡，将迷路的过错一人担负起来。这位与匈奴大小七十余战的名将，一生诚恳待人，他死之日，“一军皆哭。百姓闻之，知与不知，老壮皆为垂涕”。由此可以看出他在军民心目中的地位。

两晋时期的庾冰，作为一代权臣，不但能够端正自身，同时还不忘规劝皇上，以期振朝纲、除民疾。

庾冰，字季坚，颍川鄢陵（今河南鄢陵）人。其父庾琛，西晋任建威将军，后过江任东晋会稽（今浙江绍兴）太守。其姊为东晋明帝司马绍的皇后。他与弟庾翼在明帝、成帝之时，均以国舅的身份掌控朝政，为据有兵权的显著人物。

庾冰上疏给康帝。大意是，他因循家宠，冠冕当时。事实上自己是志无殊操，量不及远的人。今皇家多难，朝望国器，降及我身，我在朝中俯仰任事，至今已有五年之多，对上没有称赞你的计策，对下没能熟知政务，而陛下对我遇之过分，我非常感谢你的宏恩。现在北方强敌未消，其侵略之心未可量；国内百姓贫困而未安；群才之用也未可尽。陛下你必须要多听下情，要纳谏兼听，然后览其大当，以总国纲，还要躬俭节用。若能这样做了，则无事不成。

第二年九月康帝死，其子司马聃即位，是为穆帝。时帝仅二岁，由其母康献褚太后摄政，打算征召庾冰回朝辅政，庾冰固辞不受，不久病发而亡。

庾冰为政清廉谨慎，以勤俭节约为荣。他的中子庾袭经

常借贷公家财物，一次贷绢十匹，庾冰知道，便怒斥，甚至加以鞭打，然后自己用款买绢还给公家。临死前，他对家人说："我将要死了，只恨报国之志未能发挥，这是命该如此！我死之后，殓以时服，不要任何公家之物陪葬。"及死，家人遵嘱，不为绢质的丧衣。家中无妾和配妾的佣女，室内无私自积累的财富。当时的人们均称赞他的公正清廉。

李广和庾冰，尽管他们"正其身"的方法不同，最终的结果差异也很大，但不可否认的是，他们都是通过以身作则，赢得了人心，在当时称得上合格的管理者。

[成功关键]

从政者必先端正自身，所谓"身正不怕影子斜"。自身正直，人们都看在眼里，自然敬在心里，以此从政，当然人心顺服，困难不会太大；反之，自身不正，人们也都看在眼里，在心里自然有意见，以此从政，只会让人在心里冷笑，谁还会来听你的指挥？

巧借名号，实则击之

冼夫人是南朝时高凉冼氏之女，自幼聪颖，通晓谋略，善于用兵，是中国历史上赫赫有名的女豪杰。

公元548年，梁河南王侯景叛乱。占据大皋口（今江西吉安南）的高州刺史李迁仕也蠢蠢欲动，约高凉太守冯宝跟他一起反叛。

冯宝见侯景气势正旺，也想前往李迁仕那儿去。他的妻子冼夫人笑着劝丈夫："看形势发展，李迁仕谋反助纣为虐，

不会有好下场，夫君万万不能同上贼船，自取灭亡。”她详细分析了天下的形势，说得头头是道，有理有据。

冯宝被说动了心，但略略思索，又皱紧了眉头：“可李迁仕那儿怎么应对？”冼夫人随即说：“夫君派一个使者找到李迁仕，骗他说：‘局势大乱，冯宝太守不敢出来，打算派冼夫人来商讨军国大事。’这样做，李迁仕肯定放松警惕。我再领一千多个壮士，每个人挑一些破烂，伪装好后，就假称去给李迁仕送礼。我们只要进到他的军营寨栅栏下，就马上能把他收拾掉了。这么干，一可以解夫君之忧，二更可以为朝廷除害，为民解忧。”冯宝越听越高兴，忙伸出大拇指连连称赞：“夫人您家世代为南越首领，真可谓将门出虎女。方才一席话，使为夫茅塞顿开，拨云见日啊！”于是，冼夫人带着一千余名壮士浩浩荡荡挑担上路。

李迁仕早得知冯太守使者的来报，现听说冼夫人真的亲自来了，心花怒放，想今日总算能一睹冼夫人风采，忙带兵出帐迎接。李迁仕远远看见冼夫人随从挑的都是礼物，更为高兴，哪里还想到去防备呢？冼夫人见部下都走近李迁仕的寨栅，突然一声令下：“打进去！”众壮士扔下担子，抄起各式家伙，猛攻而入。片刻，歼灭了李迁仕部。

李迁仕谋反，诚然当诛，仅从计谋上而言，他麻痹大意，不了解对方的真正居心，只从表面上看问题，在对方“送礼”的旗号下得意忘形以致上当受骗，而冼夫人恰巧借此达到了目的。

[成功关键]

交往中，一个人不会没缘由地对别人施以好处，总是有这样那样的原因，或许可能是居心不良。如果是后者，

这时一定要分外小心，不可大意，轻率的举动可能招来杀身之祸。

教子在师，成名在己

战国时候，战乱频繁。鬼谷子门下有两对非常出名的学生，一对是孙膑和庞涓，一对是苏秦和张仪。庞涓，为人轻薄、刻薄、好逸恶劳；而同他一起学习兵家之说的孙膑却忠厚、老诚、勤奋好学。

鬼谷子的教学方式很特别。每到开学，他总是先让学生们一起去做一件事，借以观察学生的擅长，以便因材施教。鬼谷子让学生们以师兄弟相称，但是称兄道弟不是以年龄大小而论，而是根据拜师的迟早来定的。

孙膑、庞涓上山之始，鬼谷子问他们要学什么艺。孙膑和庞涓都说世道荒乱，要读兵书学兵法，以求治乱世定太平。鬼谷子答应了两人的请求。可是孙庞二人同时来鬼谷拜师，谁为师兄呢？

一天吃完早饭，鬼谷先生对孙膑、庞涓说：“冬天快到了，咱们先把吃的、烧的备齐，一旦大雪封门还能照旧读书学艺。”说完，他交给孙膑、庞涓每人一把斧头，让他们上山砍柴，并提出在十天之内看谁砍的柴多、好烧并且无烟。领先者为兄，居后者为弟。孙膑和庞涓都尊师命砍柴去了。

孙膑和庞涓在上山路上，各自想着心事。孙膑认为自己身单力薄，宜智取不宜强争。第一天到山上，先观察地形，靠崖头挖一个大肚子小门的窑洞，之后用六天时间把砍来的柴放入窑洞，空手回到鬼谷洞来。

庞涓依仗着自己身强力壮，砍柴时拣最大最干的，每天挑一担下山，放在鬼谷先生面前，显示他的能干。他见孙膑空手而归便暗自高兴，心想大师兄是我的了！

鬼谷子对庞涓的满载而归没有表扬，对孙膑的空手而归也没有责怪，只是观察孙庞二人的表情。只见孙膑没有因自己无一干柴而气短，而庞涓却因为有大堆干柴而气盛。

到第七天头上，孙膑把堆满的柴禾引着，柴禾燃烧起来。等到一定火候关闭了窑门，火完全熄灭之后，孙膑打开窑洞门。搬出来一堆堆木炭，挑回放在老师面前。

十天期满，鬼谷子在洞中点燃了庞涓的干柴，火势虽然很凶，但浓烟呛得人透不过气来，师徒三人只得到窑洞外面去。随后又点燃了孙膑的木炭，火势既旺又没有烟。

鬼谷先生高兴地说："孙膑当为师兄。"并让庞涓向孙膑行礼拜师兄。庞涓很不服气，从此，产生了忌妒孙膑的念头。

一天，鬼谷子把孙膑、庞涓叫来，说："我给你们每人三文钱，你们去阳城买些东西，不管是什么，只要能把三间房子堆满就中。这是第一场比赛。"

庞涓到集上一看，什么东西都不便宜。三文钱不论买什么都不能把三间屋子堆满。他想，自己没办法，孙膑也不可能有办法。于是决定挑一种最便宜的，堆起来最占地方的东西买回去。他在集上左转右转，发现灯芯草最划算。于是买了三文钱灯芯草。果然不错，三文钱居然买到三四担，庞涓挑回家，堆在屋里。尽管庞涓把它们尽量弄蓬松堆在门口，可还是堆不满屋。

在庞涓汗流浃背往鬼谷担灯芯草之时，孙膑已从集上买了三根小蜡烛，回到鬼谷。只见他分别把三根蜡烛放入三间屋里，点燃之后照得满屋通明。

比赛结果，孙膑胜。

鬼谷子又对两个弟子说："从今天开始，我坐在屋里三天不动，谁有办法把我请出屋去谁就胜利。"

庞涓说："这还不好办？"他到外边溜了一圈回来说："老师，山下来了一伙盗贼，要占山为王，快去看看吧。"

鬼谷子说："这里是不毛之地，根本无物可抢，强盗来此何干？真这样，你就用兵法治服他们吧。"

隔了一天，庞涓慌慌张张又找老师说："老师，大事不妙，咱们的柴草垛被人点着了，你快看看吧！"

鬼谷子探身向外一望，果见大门外浓烟滚滚，便把桌子一拍说："大胆顽徒，没有本事请我出去，竟将柴草点着，命你速去扑火！"

庞涓无奈，只好前去扑火。

又隔了一夜，庞涓手拿一封信，来说："老师，有人送信，说师爷去世，要你速回奔丧，来人正在山下等你。"

鬼谷子斥道："狂徒，老爷子早已去世，为何满口胡言？"

庞涓三次请师出门都未成功，垂头丧气地走出宅院。

第三天下午，天将黄昏，孙膑才睡意未消地来见老师说："老师，请你出屋难，但是把你请进屋可不难！"

鬼谷子说："同样难！走。"

说着师徒二人来到院中。孙膑赶紧跪拜说："老师，我总算把你请出来了。"

鬼谷子一愣，哈哈大笑起来，宣布第二场还是孙膑胜。

孙膑、庞涓在阳城跟鬼谷子学兵法，鬼谷子为了测试两个弟子的智慧，把孙、庞二人叫到跟前说："尔等跟我学艺三年，学业大有进步。明日考试，你二人各带一把斧头上山砍柴，各砍百担有余，看谁先办到。"

庞涓想，那些靠斗智的事情我可能不如你，现在是使用力气，我看你怎样超过我。

第二天一早，庞涓就持斧头上山去，拼命地砍呀砍呀，直砍到红日西落，月出东山才回来，第三天又砍，第四天又砍……边砍边运，总算把百担柴运下山来。

孙膑呢？哪天都睡到日上三竿，才慢腾腾地起来，吃早点，告辞老师，持斧上山。上山之后，又寻个避风向阳的地方，读一阵书，睡一阵觉，直到太阳快要落山时，才砍了一些柴，装足一担。最后，孙膑又砍了一根柏木，做成扁担，将两捆柴禾挑下山来。

规定的时间到了。

老师说：“柴砍够了吗？”

二人齐答：“够了。”

鬼谷子来到二人柴垛前。

庞涓指着大堆柴禾说：“请老师查点，足足百担有余。”

鬼谷子仔细清点后说：“这只有百担而无余。”

又问孙膑：“你的呢？”

孙膑指着一边两捆柴禾和一条扁担说：“在这里，请老师过目。”

老师说：“这怎么能够数呢？”

孙膑说：“老师，这根扁担是柏木做的，抵了百担之数，这两捆柴禾都是榆树枝，这不是柏担有榆吗？”

鬼谷子听后点点头说：“嗯。很好，很好！”

这次，鬼谷子没有说胜负。

鬼谷子先生依据考核的结果，按照孙膑和庞涓各自的特长，让孙膑侧重学谋略而兼学战法；让庞涓主学战法而兼学谋略。三年学期已至，鬼谷子先生看出孙膑对庞涓依

然是一片诚心，而庞涓对孙膑却心怀忌恨。所以常当着孙膑和庞涓的面说："你两个一同学艺三年，一个善谋，一个善战，若能一心，同保一主，必然能治乱世、定太平，双双成名。"

孙膑、庞涓二人当着老师的面，都说老师的教导很对，一定遵从师教。但是，鬼谷子明白孙膑讲得是诚心诚意，而庞涓却是口是心非，所以常叹道："山人三年心血，却教出一福一祸，真乃教子在师，成名在已也！"

三年期满，庞涓就瞒着师父私逃魏国招为附马，做了大将军。但他一直害怕孙膑下山施展智谋，震慑自己的威风，随之起了杀害孙膑之意，遂编造谎言骗孙膑到魏国，挖掉了孙膑的膝盖骨。他以为孙膑成了残废之人，再也无用了。可他万万没想到孙膑被救回到齐国，施展智谋，让庞涓兵败马陵道，落了个万箭穿心的下场。这一切，鬼谷子早就预料到了。

[成功关键]

"鬼"者，变也，鬼谷子不仅善变，更善于识变。他教出来的每个学生，都是名垂千古。因为，他对每个人的性格和前途都看得清清楚楚。但别人永远也摸不透他。这才是真的鬼。

成名并不等于成事

唐代诗人陈子昂，刚进入京城时，并不出名。来京城寻找机会的文学之士太多了，谁会注意他呢！陈子昂也很着急。

有一次，街头上有个卖胡琴的，拿着一把胡琴开价一百万钱，豪绅贵族们传看许久，终因价高没有人敢买。这时，陈子昂忽然出现在卖主面前，对左右的人说：“到我家去取钱，这琴我买下了！”众人惊奇地问他为何肯出这么高的价钱，陈子昂回答道：“因为我善于弹奏这种乐器。”众人都说：“那我们能听听你演奏的乐曲吗?”陈子昂说：“明天你们可到宣阳里，听我演奏。”

次日，众人如期而至。到那儿一看，见陈子昂已将酒菜准备齐全，胡琴就放在席前。宴饮完毕，陈子昂捧着胡琴对众人说道：“我陈子昂本是四川有名的才子，佳作已写了百余篇，奔走于京城，风尘仆仆，却不为人所知。这种乐器只不过是低贱的乐工所演奏的，我怎么会对这玩意儿有兴趣呢?”说罢，举起胡琴摔碎，然后把文章赠予参加宴会的人。一天之内，陈子昂的名声便传遍了整个京城。

虽有过人的才华却不为他人所知，这必定是一种很无奈的情况。陈子昂的做法其实就是制造声势。在当代社会，“成名”已经是“成功”的最迅捷方式。名声在外的人，会有更多抛头露面的机会，媒体更愿意采访报道，商家更愿意邀请他做广告，他也会因此而愈发出名。

彩虹集团是我国最大的彩色显像管专业制造商，生产彩虹牌电视。为了提高知名度，他们也想炒作一番。1997 年，特技大师柯受良筹划飞越黄河的壮举，彩虹集团花 600 万元赞助这次活动。“飞黄”前后，各大报纸、电视经常出现彩虹电视的广告，使其知名度得到空前提高。然而，一年后，彩虹电视就退出市场，悄无声息，逐渐被人们淡忘了。

[成功关键]

想法引人注目只能是一种手段，真正让别人对自己另眼相看，还得靠真正的实力。知名度不等于信誉度，成名不等于成事。

炒作只能提高知名度，不能解决一切问题。要想持久地好，还要苦练内功。

操守清廉，处世慎勤

提起林则徐，人们马上会想到那位正义凛然，与英国侵略者顽强拼搏的民族英雄，他领导的禁烟抗英斗争在中国近代史上写下了可歌可泣的一页。他也因此而家喻户晓。事实上，早在鸦片战争前，作为清朝官员中的一位实干家，林则徐已是“贤名满天下”了。他以国事为重，为政一贯勤勉，且锐意改革财政，兴修水利，救灾办赈，政绩显著。仅从林则徐一生的诸多活动中摘录其认真治理水患的某些片段，就可看出这位难得的实干家的躬亲任事精神。

林则徐，字元抚，又字少穆、石麟，晚号竣村老人，福建侯官（今闽侯）人。嘉庆十六年（1811）中进士，开始了他的仕途生涯。从做官之日起，林则徐就立志做一个济世匡时的正直官吏，并体现出一个实干家应有的精神面貌。在京城任职期间，他就对当时农业生产中的一个主要问题——水利，极为重视，曾利用京师丰富的藏书及档案，专心研究畿辅及其他地区的水利问题。

水利是农业生产的大动脉。为了推动生产的发展，历朝

历代都重视兴建水利，其间涌现了很多著名的治水专家。林则徐完全可以与他们为伍。他初任地方官时就注意兴修水利，以解民困。在江苏按察使任上，更以其实干精神为当地官员所钦佩，一致推荐他总办江、浙两省七府水利。

道光四年（1824）年底，江南高家偃十三堡决口，洪泽湖水外注，山阴、宝应、高邮、甘泉、江都五州县及下游之泰州、兴化、盐城、阜宁等处都被水淹。与洪泽湖相连的淮河，是漕运的必经之路，高家堰决口还引起淮河水位的下降，造成“黄强淮弱，漕艘稽阻”，清廷为之震惊。由于南河总督张文浩治水不力，被道光帝撤职，并于道光五年（1825）三月下特旨，命正在家乡为母守丧的林则徐“夺情”，奔赴南河督修堤工。依据封建礼制，官员遇父母丧，须去职在家守丧三年。若因国事需要，朝廷特命终止守丧，称为“夺情”。林则徐清楚河工关系到朝廷漕运大计和千百万人们的生命财产，于是不顾身体多病，毅然接受了“夺情”的谕令，身着素服，不用顶戴，于四月离家北上。

为了明悉水患情况，掌握第一手材料，林则徐一到治河工地，便毫不停歇地出门查工。他由六堡迤南逐段歇勘到十三堡决口，又由十三堡迤南查到山盱厅的古沟，复由古沟迤北看工至堰、盱交界的风神庙，再由风神庙迤北到高堰十四堡，最后折回六堡，前后十多天。通过亲自查勘险情，林则徐对怎样兴工已是胸有成竹了。为了确保南北航道畅通，他一方面向两江总督魏元煜提议试行海运，一方面抓紧督催堰工。在施工过程中，林则徐仍然一丝不苟，即使下雨天也坚持到现场查工，素服步行于泥泞之中，修堤的民工居然不知这是一位三品大员。因为林则徐实心任事，亲自督办，几个月之后，堰工告竣。没多久，因疳疾大作，林则徐又辞归

老家。

在归乡期间，以及后来任官湖北、湖南、江苏时，林则徐都非常重视兴修水利。

林则徐最终以他干练的才能和务实的作风赢得了人们的拥护，并受到道光帝的赏识。道光十一年（1831）十一月，道光帝以林则徐品学俱优，办事细心可靠，擢升他为东河河道总督。

东河河道总督管辖山东、河南两省境内黄河、运河的修防事。林则徐抵任，恰逢隆冬，天寒地冻。为了让次年漕运畅通，他即刻督促运河两岸各厅汛煞坝挑河，插锹兴工，并令山东、河南两省黄河地段属吏防备黄河上游的积冰冲击堤岸。只下命令还不够，林则徐深知河工之弊端：以往管河官员多贪污河工款项，中饱私囊，置沿河百姓安危于不顾，尽管朝廷屡屡拨款，而成效甚微。为铲除之前弊端，林则徐下达命令后又亲赴运河各工段查验，以防属吏偷工减料。他不顾天气寒冷，走遍所属各厅汛，用了半月之多的时间。在查验过程中，林则徐细心体察，咨询研究河工形势和工程质量，对于办理工程不力的属吏严行纪律。通过实地考察和了解情况，林则徐绘全河形势于壁，孰夷孰险，一览而得，群吏不能以虚词进，风气为之一变。

一次，林则徐又顶着严寒到河南东部查验黄河两岸河防各厅的料垛。料垛是用高粱秆子、杨柳枝和泥土混合而成的垛子，乃修防堵口的第一要件。但在以往，这第一要件成为河工的第一弊端。许多官吏贪污即从此入手，他们想出许多花样，或将秸料架井虚空，用朽黑腐烂的秸料充塞，或以新盖旧，表面用些新料，或索性减垛。林则徐深知料垛之积弊，决定一反历任河督之所为，细心查验。他徒步走遍所属十五

厅，将数千料垛一一查验，对每一料垛都量其高宽，核其丈尺，并观其新旧虚实，有松即抽，有疑即拆。那段时间，他严办了弄虚作假者，惩罚了玩忽职守使料垛失火者。林则徐每到一地查验料垛，都有众多兵夫及居民观看，人们对他一丝不苟、认真办事的态度交相称颂。林则徐也正是以自己的实干精神扭转了河员欺上瞒下的坏风气，并得到道光帝的高度赞扬。

通过对黄河两岸的实地检验，并广泛征求属员及沿岸人民的建议，同时归纳了历史经验，林则徐最终研究出了治理黄河的办法，初步形成了改黄河由山东入海，以根绝河患的方案。可是，由于当时的各种困难，尤其是因循守旧思想的束缚，这一方案未能付诸实施。然而，林则徐在治水过程中所表现出的实干家的作风，却为世人树立了榜样。

何为“清慎勤”？“清”，是指明于义理之辨，绝其嗜欲之私，专心事君尽职。“慎”，即事事为民计身家，慎于事而熟思审处。“勤”，即视国事如家事，时时持未雨绸缪之思，怀痛痒相关之念。“清慎勤”三字合而观之，其旨意即视国如家，视民若子，如此则可操守清廉，持躬处事不敢不慎不勤。

[成功关键]

为官之法，唯有清、慎、勤三件事最为重要，官场中人如果能深谙其道，尽心尽职把它做好，就能得到上司赏识提拔重用，受到下属拥护万民颂赞。

“当官不为民做主，不如回家卖红薯”、“天地之间有杆秤，秤砣就是咱老百姓”。这些话之所以能够在社会上广为流传，就是人民群众期望多出好官、多出清官的真实心理写照。

先学做人后做事

当一个人失去了应有的德行，他也就失去了获得成功的基础条件。

隋唐时的徐世勣，是李密部将，甚得李密重用。武德二年（619），李密被王世充打败，率部投奔李渊。他原来所辖之地东至于海，南至长江，西到汝州，北至魏郡，由徐世勣据守。于是徐世勣对长史郭孝恪说：“魏公（李密）既然归顺大唐，我们现在据有的这些地方，是魏公所管辖的。如果上奏献给大唐，即是趁主人失败的机会，自己为自己表功，以谋取富贵，我觉得这是十分可耻的事情。现在应当具录州县名数及军人户口，汇集起来启奏魏公，让魏公自己献给大唐，那么这就是魏公的功劳了。”于是派使者禀告李密。

使者刚到时，唐高祖听说徐世勣没有上表，只有书信给李密，感到很奇怪。使者把徐世勣的意思告知唐高祖。唐高祖高兴地说：“徐世勣感德推功，确实是个非常正直的人。”于是对他大加重用，颁他黎阳总管、上柱国、莱国公，不久，又封右武侯大将军，改封曹国公，赐姓李氏，因避太宗李世民的讳，改名李勣。

李密是徐世勣的老领导，李渊是徐世勣的新领导。对于一些见风使舵的人来说，老领导不得势了，他们马上就会转向新领导示好，这种人走茶凉的事太多了。徐世勣的确是个很正直的人，这样的人不管到哪里都是可以依靠的中坚力量。

李勣本来是在瓦岗寨做事，以前的上司是翟让，后来换

了李密，现在李密归唐，他的统帅又变成了李渊。岗位变了，上司变了，但李勣的人品没有变。

[成功关键]

社会上的诱惑很多，做人要光明正大、脚踏实地，才能在成功的道路上走得更远。你做的事业越大，德行就越显得重要。若没有伴随品格而生的智慧，常常会优先追逐眼前可以带来快感或其他甜头的事物，而失去长远的发展。

立行：

立即行动

一个想要成大事的人，就要时刻提醒自己做事要迅捷，决策要果断，只有敢于决断，并立即付诸行动，你才会抢占先机，接近成功。想成功，就不要畏惧风险，唯有带着沉重的风险意识，敢于怀疑和冲破以往的常规，通过冒险而取得成功后，才会享受到人生最大的喜悦。

功高不傲，小心处世

朱元璋能由一介平民而成为一代王朝的开国皇帝，除了时势等诸多因素的影响和朱元璋本人超凡出众的智谋与策略外，还在于他手下有很多人才。在朱元璋的功臣中，有一个人功劳尤其大，他就是徐达。

徐达出生于濠州（今安徽凤阳）一个农家，儿时曾与朱元璋一同放过牛。在其戎马一生中，有勇有谋，用兵持重，为明朝的创建和中国的统一立下了赫赫战功，是中国历史上显赫的谋将帅才，深得朱元璋赏识。

可是，就是这样一位战功赫赫的人，却从不狂妄自大。徐达每年春天挂帅出征，暮冬之时还朝。回来后即刻将帅印交还，回到家里过着十分俭朴的生活。照常规，这样一位儿时与朱元璋一起放过牛的至交，且战功赫赫，甚至朱元璋还将自己的次女许配给他，完全可以“享清福”。朱元璋也在私下对他说：“徐达兄建立了盖世奇功，从未好好休息过，我就把过去的旧址赐给你，让你好好享几年清福吧。”朱元璋的这些旧邸，是其登基前当吴王时居住的府邸，可徐达就是不愿接受。万般无奈的朱元璋请徐达到这府邸饮酒，将其灌醉，之后蒙上被子，亲自将其抬到床上。徐达夜半酒醒问侍仆自己住的是什么地方，内侍说：“这是旧邸。”徐达大吃一惊，连忙跳下床，俯在地上自呼死罪。朱元璋见其这般谦恭，心里非常高兴，就命有关部门在此旧邸前修建一所宅第，门前立一牌坊，并亲题“大功”二字。

徐达功高不骄，还体现在好学不倦，严于律己。放牛出

身的徐达，年少无读书机会。可他好学上进，虚心请教，每次出征都要携带很多书籍，一有时间便认真研读，掌握了渊博的军事知识。因此每每临阵指挥，无不料敌如神，进退有据，且每战必胜，令人信服。

身为统帅的徐达还能时刻与士兵同甘共苦。遇到军粮不济，士兵未饱，他亦不饮不食；扎营未定，他也不进帐休憩；士卒伤残有病，他亲自慰问，给药治疗；遇上士卒牺牲，他更是重视并亲自筹棺木葬之。将士对他无不感激、尊敬。

本来可以声色犬马的徐达，却平生无声色酒赌之好，朱元璋赏他一块沙洲，由于恰处于农民水路必经之地，家臣以此谋利，徐达得知后，马上将此地上缴官府。

1385 年，徐达病逝于南京。朱元璋为之辍朝，悲恸不已，追封为中山王，并将其肖像放置于功臣庙第一位，称之为“第一开国功臣”。

徐达之所以不居功自傲，除其个人良好的修养外，还有更深层次的缘故。每个皇权的确立，无不依靠文臣武将的运筹帷幄决胜千里。但功臣常常成为权臣。在中国历史上，功臣权臣攻夺皇权或挟天子以令诸侯，甚至黄袍加身的例子也不鲜见。因此，历代皇帝总是在权力到手后，视功臣为最大威胁，想方设法收回其权力。“杯酒释兵权”已算是十分“客气”了。“飞鸟尽，良弓藏；狡兔死，走狗烹；敌国破，谋臣亡”成为皇权统治下残酷的事实，也是历史的必然。

其实，朱元璋登基后，从 1380 年至 1390 年，因清洗丞相胡惟庸牵连被杀的功臣、官僚共达 3 万人；1393 年，有赫赫战功的将领蓝玉以及与其有关的人均被杀，先后牵涉被杀的居然有 1.5 万多人；洪武十五年的空印案、洪武十八年的郭桓案，被杀者更多达 8 万之众。

应当说，朱元璋用严刑重刑，杀了包括功臣在内的10多万人，其实是强化其统治的必然，也是统治阶级内部残酷斗争的结果。另一方面，也与朱元璋个人品格有关。从小与朱元璋在一起的徐达，肯定十分清楚“伴君如伴虎”的道理。所以，如果居功自傲，相当于引火烧身。与这样的皇帝在一起，只能共苦，不能同甘。因此，徐达“夹着尾巴做人”是个人良好品行的体现，更是保全自身的良策。

[成功关键]

无论是在平时还是在特殊情形下，为人处世都要分外小心，不然，就有可能招人猜疑，自寻麻烦。

找准路子，顺应时局之变

1863年9月20日，李鸿章抵达天津。30日从曾国藩手中接过直隶总督关防印信，由此开始了历时二十五年的直隶总督生涯。

李鸿章任职不久，直隶总督的权势就有所扩展。10月10日，工部尚书毛昶熙上呈请撤三口通商大臣条陈一折，认为办理外交通商事务大臣，脱离本省督抚而设专职，有绥靖地方之责，无统辖文武之权，地方官常常坐视成败，不愿相助，以致发生严重问题，因而奏请撤销三口通商大臣，所有洋务海防各事宜，著归直隶总督经营，一如南洋通商大臣之例。奕䜣等总署大臣遵旨议复，赞同毛氏建议。11月12日上谕称：

总理各国事务衙门奏，遵议毛昶熙请撤三口通商大臣条

陈一折，洋务海防，本直隶总督应办之事。先因东豫各省匪纵未靖，总督远驻保定兼顾为难，故三口通商大臣，驻津筹办，系属因时制宜。而现在情形，则天津洋务海防，较之保定省防，关系尤重，必须专归总督一手经理，以免推诿而责专成。

著照所议，三口通商大臣一缺，即行裁撤，全部洋务海防事宜，著归直隶总督管理，按南洋通商大臣之例，颁给钦差大臣关防，以显信守。其山东登莱青道所管之东海关、奉天奉锡道所管之牛庄关，都归该大臣管治。

通商大臣既已裁撤，总督自当长驻津郡，就近弹压，呼应较灵。且著照所议，将通商大臣衙署，改为直隶总督行馆。每年于海口春融开冻后，迁至天津，至冬令封河，再回省城，如天津遇有要件，亦不须拘定封河回省之制。

这次改定章程，既处理了直隶总督和三口通商大臣各自为政、互相掣肘的矛盾，使李鸿章身兼二职、权一而责巨；又解决了省防和洋务海防的战略地位问题，使李鸿章的工作主题从传统的保定省防转向天津洋务海防。清廷的意向，适应了国内外情形的变化，有利于推进洋务活动和海防建设，防患固本。

对于清廷此次变计，李鸿章喜忧参半。当然，忧虑并不是主要倾向。李鸿章清楚地认识到出任内受清廷依寄、外而表率督抚的直隶总督、北洋大臣要职，地位提高了，权势扩大了，因而激动不已，特意向李鹤章表示："兄以深沐皇恩，遇事必再三慎重。"他遵旨酌议应办事宜，认为天下大势，首重畿辅，清廷此次变计纯属未雨绸缪之策。

当务之急，须先添设津海关道一缺，专管中外交涉事件及新、钞两关税务，兼充直隶总督海防行营翼长。至于选将、

练兵、筹备海防一节，尤为当今要务。畿辅重地，形势严峻，外人窥伺，内匪窃发，刻刻堪虞，而绿营官兵腐败不堪，从中挑拣加饷操练，外貌恐难挡大敌。所以，他一面奏调淮军为拱卫畿辅之师，一面整饬练军，装备近代枪炮，增加洋枪教官，努力提高其战斗力。平常以淮军守卫海口，练军镇守内地要害，一旦外敌入侵，练军也被调往沿海助战。

李鸿章深知备位近畿，必得要路之助，方能立足。然而，他环顾左右，触绪增悲。与他共事近三十年、患难相依最久，艰难时局共同支持的曾国藩，不幸于 1872 年 3 月突然病逝，这使他悲痛欲绝，夜阑依斗，辄用怵然。他原来所赖以疏通慈禧的奕䜣，也江河日下，晃荡不能立足。慈禧对奕䜣采取两面政策，既让他主持军机处和总理衙门，又利用顽固派奕𫍽、李鸿藻牵制他。奕𫍽是道光第七子、奕䜣异母兄弟、慈禧妹夫，1851 年封为醇郡王，1872 年晋封醇亲王。

慈禧把他拉过来，使之由奕䜣的拥护者变为反对者。李鸿藻是咸丰进士，1861 年诏为太子载淳师傅，1864 年升内阁学士，署户部尚书。慈禧于 1865 年年底把他派入军机处，使之同奕䜣唱反调。但是，奕䜣、李鸿藻却秉承慈禧意旨，抑制奕𫍽及其所依赖的李鸿章。

1875 年 1 月，同治载淳病死，慈禧为了继续垂帘听政，独揽大权，强立奕𫍽之子、年仅四岁的载湉为帝，是为光绪帝。

李鸿藻也依靠军机大臣的职权和门生故旧众多的条件，引荐端士，把大批新进的御史、翰林聚结在自己周围，壮大声势。这些人自视清高，大胆敢言，议论风发，专事搏击，号称“清流”，有“四谏”、“十朋”等之称。

其中张之洞、张佩纶尤为李鸿藻所赏识。张之洞历任翰

林院讲学士、内阁学士等职。张佩纶历任侍讲、署都察院左副都御史等职。他们都是直隶人，李鸿藻籍隶高阳，张之洞祖籍南皮，张佩纶家乡厚实，固结门户，相互利用。窥探朝旨，广结党援，排斥异己，主张整饬纪纲，反对列强侵凌，时称“清流派”。

清流派的崛起，并非清政府应许议政的表现，清流派成员也绝不是真能改革朝政、抵抗侵略、打倒权贵的勇士。相反，清流派是从封建统治阶级内部洋务派与顽固派、湘系集团和淮系集团斗争的夹缝里生出来的一种舆论力量，实质上是清朝统治者面临危机时利用调节的工具，是掌控最高统治权的慈禧操纵不同政治派系力量天平上的筹码，而其主要倾向则是暗中放任清流议论时政，当作公论、清议来牵制李鸿章等洋务派。

1872 年，御史李宏谟奏请直隶添设巡抚。11 月 28 日邸抄刊登上谕说：“御史李宏谟奏直隶政务日烦请添设巡抚一折，著军机大臣会同该部议奏。”按清律，早在乾隆二十八年就撤销了直隶巡抚，巡抚事务由总督兼管。李鸿章就任直隶总督兼北洋大臣刚刚两年，李宏谟就奏请直隶添设巡抚，显然意在削弱李之权势，牵制李之作为。机智的李鸿章，一眼就看穿了中间奥秘。

1873 年 7 月末，李鸿章在写给沈葆桢的信中透露：“添设保定巡抚之议，闻系旁人觊觎添缺，于是不顾事理之当否。吏部尚欲准行，经枢垣文相力持不可，似专为迁就敝人者。其实有两京兆分管二十四州县，热河都统分管承德府，直省何曾仅止一督？郭筠仙尝谓督抚同城，为我朝弊政，与尊论同，非久为历练者无此卓识也。”

身处变局，李鸿章已完全清楚人生坎坷必会很多，必须

找准路子，准确下手才对。这就要晓得时局之变、人生之变、战术之变。

[成功关键]

只有动脑筋才能找准路子，找到对策，因为外部局势总是在变化的，不能掌控局势之变，是李鸿章的一大忌讳。他经常遭遇挫折，但他明白：在变局中求生存，才是强者！

学会选择，懂得放弃

姚启圣，字熙止，浙江会稽人。康熙二年乡试考中，当了广东香山县知县。

至明末以来，香山县因盗匪和天灾并行，人民缴不上赋税，因此而被捕入狱的知县已达7人。姚启圣上任后感慨说："明年再加我一个，被捕入狱的香山知县就是8个人啦！"于是他摆上酒席，奏上音乐，把7个被捕的知县从狱中请出来，一同痛饮，并给他们整理行装，送回原籍，然后向总督报告说，7名知县应追回拖欠官府的税金共17万，已在某月某日全部收回入库。总督看后大为吃惊，以为姚启圣是个巨富，想行善替7个知县偿还欠款，岂知他是个贫寒之士，哪有能力替那些人偿还税金呢？

不久，吴三桂等人发起"三藩之乱"，皇帝令康亲王南征，姚启圣心中大为兴奋，认为自己的好运来了，就对好友吴兴祚说："我闯了大祸，非帮助康亲王立奇功不能避祸，而要想说服亲王，只有你去才行。"吴兴祚准许了他的请求，姚启圣备了银元五千，以便买通看门的小厮；又打探出亲王喜

欢弹丸，特地制造十万粒让吴兴祚送去。吴兴祚相貌英俊，能言善辩，又熟知福建的山川地理及兵马之术，康亲王同他谈得十分投机。吴兴祚乘机荐举姚启圣，亲王当场应允，行文给两广总督和广东巡抚，调姚启圣为参谋。这时总督才惊呼上了姚启圣的当，但迫于康亲王的命令，不得已让姚启圣离职而去。

对于所亏欠的税金，总督只好下令海上商人补缴。

姚启圣放弃了自己的职位，去谋求更有前途的发展。所以放弃需要有远见卓识，需要放开眼界，不仅是一种观念的更新，更是一种科学理念的确认。我们常说："脑筋开窍，山水变宝。"确立学会放弃求发展的理念，能促使我们反省那些竭泽而渔、焚琴煮鹤的短期行为，进而以错位发展的思路来经营身边的人和事，不断地在放弃中开拓广阔的空间，取得长足的发展。

[成功关键]

短暂的放弃是为了得到长远的回报。放弃需要有牺牲精神，这不仅是显示胆识和谋略的生动实践，更是摆正了眼前利益和长远利益的明智之举。学会放弃求发展，需要有"壮士断腕"的气魄，需要有放眼未来的气度。

难得者时，易失者机

秦朝末年，虽然项羽的起义军连续取得胜利，声势也越来越大，但章邯率领的秦朝主力军实力还是很强的。

在定陶战役中，项梁因轻敌而兵败身亡，义军由宋义率

领。宋义胆小惧敌，被项羽所杀。项羽便亲自率军渡过黄河，欲与秦兵决一死战。但自从定陶战役失利以来，士气一直很消沉。章邯却野心勃勃，想趁机灭掉义军。在这生死存亡关头，项羽召集手下的谋士分析当前局势，认为秦军虽然人数众多，但军心涣散，战斗力不强，而义军虽然人少，但军心一致。兵法说：夫用兵之道，攻心为上，攻城为下；心战为上，兵战为下。军队只有断绝退路，才能齐心拼死杀敌，即所谓置于死地而后生。

于是，项羽使了非常绝的一招。他先让士兵把抛锚在岸边的渡船凿了些大洞口，把这些渡船全都沉入河底，又规定每个士兵只能带三日的干粮，接着又让士兵把锅全都砸碎，然后又放火烧掉了岸边的营房。如此一来，前面是秦军相逼，后面已无渡船，士兵们被推进了死地。此时，将士都摩拳擦掌，他们懂得，此战只有拼死才能杀出一条血路。士气被激发到了极致，他们像亡命徒一样大叫着冲向秦军的阵营。

义军以一当十，发疯似地冲杀，眼都杀红了。好一场恶战，直杀得血肉横飞、昏天暗地。秦军被打得落花流水，主将章邯也被迫投降。这场战役奠定了项羽在各路反秦义军中的领袖地位。

这就是成语“破釜沉舟”的来历。面对强大的敌军相逼，项羽把生死置之度外，拆除了一切退路，把士兵推上了死地，逼迫他们拼死血战，最终取得胜利。因此，要想取得事业上的成功必须有一种坚韧的精神。

[成功关键]

难得者时，易失者机。那么，怎样使自己有一个坚定不移的态度来面对问题、抓住机遇而不断进取呢？不妨学学项

羽破釜沉舟、置于死地而后生的精神，敢于断自己的退路，使自己全身心地进行某项工作，就能取得胜利。

果敢决策，勇敢出击

敢于大胆去做的人总说：“我总有机会！”失败者的理由是：“我没有机会！”失败者经常说，他们之所以失败是因为缺乏机会，没有成功者垂青，好位置让别人捷足先登，容不得他去竞争。

但是有眼力的人绝不会找这样的借口，他们不等待机会，也不向亲友们求助，而是靠自己的努力去创造机会。他们深知，只有自己才能给自己创造机会。

亚历山大在某一次战斗胜利后，有人问他，是否等待机会降临，再去进攻另一个城市？亚历山大不屑地说：“机会？机会是要靠我们自己创造出来的。”创造机会，便是亚历山大之伟大的原因。所以，唯有去创造机会的人，才能创造轰轰烈烈的丰功伟绩。

如果一个人做一件事情，总要等待机会，那是很危险的。一切努力和热望，都可能因等待机会而付诸东流，而那机会最终也不可得。

机会是打开成功大门的钥匙，一旦有了机会，便能稳操胜券，走向成功，不论做什么事情，即使有了机会，也需要不懈的努力，这样才有成功的机会。

乾隆二十四年（1759）九月，刘墉调任江苏学政，对该省吏治风俗多有观察，敢于揭露其中的弊端，提出了不少令乾隆感兴趣的建议。

江苏作为清代学术和文化的中心，它的士人风气以及他们对朝廷的态度，直接关系着清朝统治能否获得稳定和加强。所以，历代皇帝和大学士对该地区都十分重视，康熙和乾隆六次南巡，很大程度上就是为了拉拢东南士民，强化对该地区的掌控。乾隆时期，大学士尹继善在东南区域长期担任总督和巡抚，长达二十七年之久，原因在于尹继善精于文学，善于通过以文会友与文人学士沟通感情，因而深获当地士人的拥戴，他在东南的政绩成为清朝成功实施文治政策的典范之一。

江南地区发达的文化要求地方大吏要清正廉洁，而且要懂得顺乎自然，宽缓为政；不但要推崇儒家政教，而且要懂得褒扬斯文，引导风流。派具有深厚儒学素质和文学修养的尹继善到江南为官，可以说政得其人，人尽其才，时人称尹继善“就论风雅已压群公”。“在江南地方推行仁政，百姓乐业，官吏倾心，不敢违犯法律。”老百姓听说尹继善要到江南任职，就欢呼雀跃，“奔走相告”；但当尹继善去世的消息传出时，东南悲恸一片，反映出他特别清楚治理两江地方的诀窍。对此，精敏的乾隆皇帝心里也很清楚，所以他说：“满洲科甲官僚中，长于文学而又通晓政事的，尹继善是第一。”

刘墉能被选派到江苏这样一个文化大省做学政，充分体现了乾隆对刘墉在安徽学政任内工作的声名及对刘墉管理学务能力的信任。这只是一方面。另一方面，刘墉具备在江苏开展工作的有利条件。

刘墉的父亲刘统勋之前多次负责南河河工，在江苏的时间较长，熟知那里的风土人情；刘家在江苏拥有众多的朋友及门生故吏，比如前面提到的江苏文化名人大多与刘家有这样那样的关联。时任两江总督的尹继善也是刘统勋的同僚和

朋友。乾隆二十五年（1760）秋，即刘墉到任的第一年，前辈钱陈群为送主试江南的儿子钱汝诚返回北京，来到江宁，遂招往江宁出差的刘统勋，相聚于尹继善的府衙。可见三人关系非同一般。有这种良好的社会关系，又有安徽学政的三年经验，刘墉做江苏学政工作自然就顺手多了。

刘墉这次视学江苏，尤为认真，考取生员比较严格，诸联《明斋小识》就有记载："昔日刘石庵相国视学江苏，严肃骏厉，人多畏惮，至四十二年复任江苏，则宽厚平和，与前次不轻易取悦秀才迥然不同，即使年例不符者，也准予赏给衣顶，并对科场运气不佳者给予照顾。"于此可见其风格及其变化。

刘墉还仔细考察当地的风俗民情及官方士习情形。乾隆二十七年秋，刘墉离开江苏前夕，将此向乾隆做了汇报，算作对他观风察俗工作的一种概论。其中特别提到了对监生的管理等问题。监生中有爱好滋事、胆大妄为的人，府州县官颇有顾忌，不加惩处。以致他们不仅怕刁顽百姓，而且害怕蛮横的监生、狡猾的胥役。对于涉及监生的案子既不能及时审判，又不想明定是非。确定罪名之后，应该斥责革退的监生，并不责革，实属疲玩不堪，讼棍奸吏因此得以行其奸谋。不只是他们目中已无学政，甚至有心欺骗督抚。

此疏深切当时江南官场之积弊，故受到乾隆的高度重视，乾隆在随后下达的上谕中明示：刘墉所奏，切中该省吏治恶习。江南士民风尚，多属浮靡好事，当地地方有司，又加以疲沓姑息，遂致此等恶习越发严重，牢不可破。因此，近来封疆大吏懈弛弊端，诸省中唯有江南最为严重，这本非刘墉一人看法。尹继善、陈弘谋在督抚中外任时间最久，而且素来好以无事为福，况且经历事情既多，上下一团和气的作风

竞成故智。他们所辖官员又大半属往年旧属，因循生玩，常常遇事姑息。甚且狡猾官员，近来借口办差，有意耽搁公事者更不一而足。积习颓靡，不知振奋。此等情状，即使当面责问尹继善、陈弘谋，他们亦应当难以自解。

况且督抚为属僚表率，既然上司都不能有所振作，那么所有下属又有谁不承风？至于上行下效，怠惰之势已经形成，谁来负责？则朕唯于督抚是问耳。尹继善等当以此痛废旧习，刻苦振作，如果州县官确有怠玩相沿，如刘墉所奏各情节，即当力行体察，据实参奏。若不知自改，而转以被揭怨恨他人，更难逃朕洞鉴。

后来，他又屡次在谕令中谈到这个问题，可见刘墉所奏在乾隆心目中的分量。

[成功关键]

一个人遇到很多困难的事情，或者退让，或者挺进，这两种不同的选择必然导致不同的结果。有些人则有一股韧劲，对待自己认准的事，大胆而果断地做下去，这叫气魄。

敢于挑战，才能取得成功

青少年的曹操在时人的眼中看法就颇为不一。有关他的为人品性，颇为很多时人所不屑，认为他是朽木不可雕也。但也有完全不同的评价：说他与众不同，将来必成大器。如为当时俊杰的汝南王俊曾说曹操："定天下者，舍足下而谁？"南阳何颙，见了曹操，也曾感慨："汉家气数将终，得天下者，必斯人矣。"还有颍川李瓒，是党人首领李膺之子，曾为

东平相，临终时对儿子李宣说："国家将乱，天下英雄无人能及胜曹操。张邈是我的好友，袁绍是你的外亲，均不可投，只可投曹操。"李宣照办，果然应验。

同一曹操，时人看法褒贬不一。

无论作风、性格、精神大抵英雄见其神武、德者见其奸诈、智者见其权变、厚者见其忌刻，一治一乱，一能一奸，因时而变，料定曹操既流芳千古，又遗臭万年。但是曹操的所作所为，通常是无所不用其极。像曹操在政治方面，为了夺取自己的优势，不避奸臣之名，力行"挟天子以令诸侯"之策，把汉献帝当作一面旗帜以号令天下。在待人处世方面，也不忌暴露一种奸诈风格。如曹操曾对人说："谁欲伤我，我就会心跳。"为论证这一点，他暗中对一侍从官说："你身上藏着刀来到我身边，我就说心跳得厉害，然后抓住你，从你身上搜出刀。假若我惩罚你，你别说是我要你干的，我会厚赏你的！"侍从官遵从照办，结果被杀头。

建安元年（196）后，献帝完全落入曹操的掌握之中，曹操对自己代汉的意图，却一直讳莫如深。献帝都许前后，侍中太史令王立曾屡次对献帝说："天命有去就，五行不常盛，代替火德的是土德，承继汉位的是魏，能安天下的是曹姓，只要委任曹氏就行了。"曹操闻知此事后，让人捎话给王立，说："知道你忠于朝廷，但是天道深远，希望你不要多言！"曹操当时羽翼未丰，对于这一类称说天命的言论，自然不能不采取慎之又慎的态度。

随着献帝傀儡化的逐步加深，曹操代汉的意图也暴露得越发明显，这招来了政敌的不断攻击，如周瑜骂曹操是"托名汉相，实为汉贼"，刘备说曹操"有无君之心"，说他"欲盗神器"。若任其自然而不加以辩解，曹操不但可能丧失"挟

天子以令诸侯”的政治长处，而且可能会成为四方诸侯“清君侧”的对象；内部的拥汉派势力也会起来反对自己。赤壁之战遭受挫折后，开始形成天下三分的局面，刘备、孙权虎视眈眈，以马超为首的关中诸将心怀疑虑，成了曹操的心腹大患。此时，内外政敌乘机加强了宣传攻势，说曹操有不逊之志，企图动摇他的政治基础，有人甚至干脆请求曹操交出兵权，以削减曹操的政治实力。为了反击政敌，安抚内部的拥汉派势力，继续保持自己“挟天子以令诸侯”的政治优势，曹操不得不将自己代汉的意图进一步埋藏起来，而尤其强调自己对于汉室的忠心。建安十五年（210）十二月，曹操特地为此下了一道《让县自明本志令》。该文篇幅较长，大体上分为四部分。

曹操从自己二十岁时被举为孝廉写起，说当时因自己不是隐居山林的出名人物，恐怕被世人认作平庸之辈，所以只打算做一个有作为的郡太守，以此扬名于世。后遭豪强忌恨，称病回乡，避世隐居。被征召为都尉，又升任典军校尉后，志向有所壮大，但也只是想封侯做征西将军，死后好在墓碑上刻上“汉故征西将军曹侯之墓”几个字。总之，旨在表明自己从年轻时起就志望有限，而且只想匡时济世，为国立功，并没有任何个人野心。

接下来，曹操回顾举义兵、讨董卓以来的经历，说明在起兵之初志望仍是有限的，后来实力有所强大，又成为遏制袁术称帝的力量，同时为国家、为大义甘冒艰危消灭了袁绍、刘表，进而平定了天下。如今身为丞相，作为臣子，地位的尊贵已达到极限，已超过了原有的志望。言外之意即，自己不会再有什么野心了。最后结上一句：“假使国家没有我，真不知会有多少人称帝，多少人称王。”意谓自己为阻止别人称

帝称王做了不少工作，既不准别人称帝称王，自己又怎能去称帝称王呢？

该文的主要部分是第三部分，曹操在此处正面阐明自己忠于汉室，并无不逊之志。先以春秋时齐桓公、晋文公兵势强大但仍能尊奉周室自比，继以周文王得到了天下的三分之二，但依然臣服弱小的殷朝自喻，接着表达了对于乐毅和蒙恬的深切敬佩之情。乐毅是战国时燕昭王的大将，曾率燕、秦、赵、韩、魏五国军队攻下齐国七十余城。但昭王死后，遭到昭王之子惠王的猜忌，被迫逃往赵国。蒙恬是秦始皇时的名将，率大军北击匈奴，但秦始皇死后，却被丞相赵高和秦二世胡亥逼迫自杀。但即使在这种情况下，他们依然忠于燕国、秦朝。曹操列举两例，意在说明自己一来世受汉恩，二来汉又无负于己，那么自己对于汉室的忠心，就更是毋庸置疑的了。接着，曹操进一步表明自己得到汉室信任已经三生有幸，自己对于汉室的忠心，不但对世人宣说，还通过妻妾去向别人宣说，并称这些都是自己的肺腑之言。最后还引了周公金縢藏书的典故，来说明自己为何要如此不厌其烦地表明心迹。“金縢”是一种用金属封口的柜子。《尚书·金縢》载，周武王病重，周公向祖先祷告，愿代武王身死，祷毕将祷词隐于金縢之中。武王死后，成王年幼，周公摄政，其弟管叔、蔡叔诽谤说周公将取代成王，周公为避嫌而出居东都洛阳。后成王打开金縢看到了祷词，知道周公忠诚，又迎回了周公，让他重新执政。曹操在这里以周公自比，阐述自己写这篇文章的意图就像当年周公存金縢之书以备考查一样，是为了消除人们的疑虑和误解。

最后，曹操针对政敌的攻击，斩钉截铁地表示：自己不能放弃兵权，回到封地武平侯国去，因为这既是出于对自身

和子孙安全的考虑，也是出于对国家安全的考虑，他不能慕虚名而处实祸。不仅如此，他还准备接受朝廷对三个儿子的封爵，以此作为外援，作为万安之计。随即笔锋一转，抒写对于古代贤士介之推和申包胥功成身退、拒不受赏的高尚品质的敬仰之情，表示自己虽有“荡平天下”的功劳，但是封兼四县、食户三万，内心还是很不安的。曹操在文末宣称：国家还不平定，他不能够放弃政权；至于封地，他是可以退让的。并具体提出他愿将所封四县交出三县，食户三万减去二万，以降低别人对他的诽谤，同时稍微减轻自己所负的责任。

在这篇令文中，曹操在许多方面说了很多实话。不过，曹操处在当时的特殊情况之中，为了长远的统一大业，奉行韬晦之计，对自己的政治意图做了一些隐晦，也是可以理解的。他在为自己辩护的同时，也表明了牢固掌握兵权和政权，同政敌坚决斗争的决心，从统一大业这个全局来看，也是值得肯定的。

建安二十四年（219）冬，曹操在孙权的配合下，取得襄樊大捷之后，孙权给曹操上疏，称说天命，劝曹操当皇帝，自己情愿称臣。曹操读完来信，将信出示群臣，一是为了揭露孙权的真实用心，二是为了试探一下群臣的态度。群臣对曹操的用意心领神会，于是文官以陈群、桓阶为首，武将以夏侯惇为首，纷纷劝进。但曹操早已成竹在胸，听完大家的建议，冷静地说：“‘施于有政，是亦为政。’如果天命在我这里，我就做一个周文王得了！”

“施于有政，是亦为政”出自《论语·为政》，意思是只要将《尚书》上说的孝顺父母、友爱兄弟的风气传播到政治上去，也就是参与了政治，何必一定要做官才算参与了政治

呢？曹操引用这句话，意在说明只要掌握了实权，不必计较是否有皇帝这个虚名。之后，曹操明确表示，即使当皇帝的时机已经成熟，他也不当皇帝，而要像当年周文王给周武王奠定基业那样，积极创造条件，让自己的儿子去做皇帝。

曹操这句话，其实已经表明了长期隐藏在他心中的代汉意图，只不过这最后的一个环节不想由他自己来完成，而要由他的儿子来完成。

在曹操看来，孙权劝他称帝，是从自己的利益考虑。一来，孙权认为这样做可以博取曹操的欢心，进而实现吴魏之间的和好，自己就可抽出身来专心对付蜀汉。襄樊之役中，孙权为了从刘备手中夺回荆州，从背后袭击关羽，虽帮了曹操的大忙，却得罪了刘备，中断了吴蜀之间长达十年的联盟关系，这时他比什么时候都更需要缓和同曹魏的矛盾，不然就可能陷入两面作战的不利处境。同时，孙权认为曹操若真的称帝，就会再次招致拥汉派的强烈反对，进一步陷入困境，降低对吴国的威胁。所以，孙权貌似恭顺，实则是在用计，曹操看穿了孙权的意图，不肯轻易上当。

从当时情势看，曹操如果贸然称帝，确实会给政敌和拥汉派势力增添攻击的口实，使自己在政治上陷入被动。纵观曹操的一生，内部的反对和反叛大都发生在他当魏公、魏王之后，这是很能说明问题的。因此，继续维持献帝这块招牌，对于安抚拥汉派，巩固内部，仍有不可忽略的作用。

从建安十五年（210）起，曹操一再自明本志，说自己绝无代汉自立之心，言辞恳切，说了将近十年，现在若突然变卦，否定自己，对自己的声誉名节必然造成不利影响，不如一如既往，将戏演到底为好。

曹操是一个讲求实际的人，只要掌控了实权，并不怎么

看重虚名，“施于有政，是亦为政”一语充分反映了他的内心想法。此外，建安二十四年（219）曹操已六十五岁，年纪大了，觉得自己将不久于人世，这或许也是他不愿称帝的一个原因。

总之，曹操不当皇帝，是从策略上全面权衡得失后才做出的决定，是一种明智而缜密的谋略。曹操不当皇帝，因为他早知大家已经给足了他面子，退一步，面子会更大。

[成功关键]

成就一番大事业的人必须敢作敢为，勇于自我挑战。平庸之辈因为缺乏自我挑战的精神，无法取得成功。或者说，平庸者缺乏敢作敢为的气魄，经常令人耻笑。但平庸的人是没有争议的，而干一番大事业的人必定被世人褒贬不一。尤其是执有定见，超越时代的人更是如此。

最巧妙的手段一定要到位

一个人的胆识越大，手段越老练，终至大胜；无胆乏识，则底气不足，遇事定缩头缩尾，终致失败。从撤三藩的重大策略可以看出，康熙帝正因为具有过人的胆识，才使他强硬的手段一贯到底。

通过严格立法约束官吏的行为是整饬吏治的一个必要条件，但不是充分条件。因为任何立法都需要人来执行，所以人才是操纵胜局的关键因素。对此，康熙投入了大量精力，除运用一贯的考查办法对官员进行考查外，尤其注重亲自考查，并利用亲近大臣密奏的办法了解官员的真实情况。刘墉

尤其推崇康熙大帝，并善于学习其办事手段。

乾隆二十七年（1762）十二月，在吏部尚书傅森、梁诗正等人的竭力推荐下，刘墉被授为山西太原知府。

在清代，府是省与州县之间的一级主要行政组织，其长官称知府，原系正四品，乾隆十八年后改为从四品。山西东连直隶，西邻陕西，南接河南，北与大漠蒙古毗邻，被视为京师西南部的重要地带，地理位置特别重要。而太原府地处山西中部四通之地，地位之重要，可想而知，故历次授官均以繁难待之。

在刘墉之前，刘家曾有几人做官山西，并做出过重要功绩，都在当地老百姓心目中留下清官的印象。刘墉的堂祖父刘果，康熙初年曾任太原推官，任内曾捐俸修文庙，设义学，兴建太原、榆次等地的水利，并废弃了当地的好讼陋习，受到人民的赞扬。

刘墉的祖父刘启，曾于康熙四十三年出任平阳知府，任内体恤灾民，修葺文庙，重建鼓楼试院，纂修三十四县志，吏惕民服，善政不可胜举。后升江西提刑。刘墉之父刘统勋，曾于乾隆二十二年到山西查办过布政使蒋洲侵帑案、乾隆二十四年到山西查办过将军保德侵帑案，名誉颇佳。《山西通志》载："乾隆二十二年，以刑部尚书按狱山西并清查亏空，一时墨吏罢斥几尽，而循良者多获保全。"

过一年，归化城有私伐官木之案，又以协办大学士奉命协巡抚塔永宁往鞫，得实，自将军以下悉按如律。"轺车所历，中外肃然。"刘墉的堂伯父刘铤煜，曾以举人任凤台、曲沃、平陆知县，卒于平陆任上。任内轻徭薄赋，与民休息。曾谏止修天井关及阻止西征期间对曲沃民的加派，受到当地人们的拥戴。死后曲沃民感其惠，争相吊祭。

刘墉出任太原知府一职，有很大的压力，一是他原先从没有单独管理地方的经验，却忽然间被派到这块繁难之地，肩负起总管一方的重任，心中难免没有把握。二是他的祖上曾在这块土地上做出过政绩，在当地老百姓心目中留下过很好的印象，自己总不能给刘家清官的形象抹黑吧！再者，自己初任，总应该给皇上留下个能干的印象，首先做到不辜负皇上的恩典和父亲的期望，其次也为自己以后的仕途升迁奠定一些基础。他不能不认真办事。

有鉴于此，刘墉接到吏部知会后便进宫向乾隆做了辞别，随后便踏上了西去的征程。

刘墉此次到太原赴任，或是因走得着急，或是他向来朴素，总之他并没有像其他官员那样，走马上任前要大换行头，依然破衣破帽，一身朴素。

在刘墉上任之前，太原府因种种原因已积累一大批疑难，其中不少案件已积压多年。刘墉到任不久，就将数十件案件审理一清，故受到官绅百姓的一致称赞。

山西本为贫瘠之地，财政收入不多，却地居交通要道，清代用兵西域多经此地，前后骚扰数十年，费用颇多。加之官蚀民欠，各地仓库普遍空虚，根本无法应对地方上的不时之需。刘墉上任后即留心此事，先后筹措资金购谷三万余石，储为府仓，公私赖以为便。

由于刘墉在太原知府的三年任期里，着实干了一些实事，如清积案、整顿仓储等，都得到人们的肯定，据《山西通志》评他说："以翰林出为太原知府，迁冀宁道。丰裁峻整，习掌故，达政体，于吏事以勤慎著称。"

[成功关键]

一个人手段的软和硬，要视不同的对象而别，特别要注意的是，在该硬的时候不能软，在该软的时候不能硬，最巧妙的手段一定要到位。

敢于决策，把握先机

审时度势要求人们认清客观形势，明察事物发展显露出来的时机。审时度势是一种认识，运用这种认识的目的是为了把握时机。

“曹操献刀”是三国中一个十分感人的谋略故事。在这儿，曹操就体现了一种审时度势，灵活多变，化险为夷的能力。

汉灵帝死后，董卓专断朝政，引起了满朝文武的怨愤。当时任骁骑校尉的曹操，见义勇为，从司徒王允那里借来一把宝刀，前去刺杀董卓。当曹操身佩宝刀来到相府时，见董卓坐在床上，吕布立在一旁侍卫。不一会儿，吕布出去牵马，曹操感觉时机已到，正想拔刀刺杀，但转念一想，董卓力大，正面刺杀很难得手，于是曹操没有轻举妄动。

董卓身宽体胖，不能久坐，便躺在床上，并转身对着墙壁。曹操见机不可失，急持宝刀在手，正欲要刺，不想董卓仰面看到衣镜中，照见曹操在后面拔刀，急忙回身问道：“你要干什么？”这时吕布已经牵马至屋外，曹操见大势不妙，急中生智，持刀跪下说：“我有一口宝刀，想献给丞相。”献刀之后，曹操就出门溜之大吉。

凡是要成大器的人，就必须冒大的风险。而行动在风险之中，对突如其来的危机，都需要一瞬间做出抉择，改变原来的意图和行动方向，这难度确实很大。在这种情况下，只有顺情变意，急中生智，才可能化险为夷，转危为安。

随机应变，首先是随机，涵盖了借题发挥、顺水推舟、将计就计之意。持刀行刺，顺势改为跪地“献刀”，这是借物随机。随机应变，其奥妙就在于顺从自然，因时、因势、因情、因敌意而灵活变通。随机应变是一种突发性的思维方式，事先毫无预备，事中却能迅捷地做出快速反应。这种“变”虽然是偶尔的，但同样必须借助于平日养成的习惯。这是一种素养，是权诈之术。

任何事情都有难点，也都有特点，把握特点以攻下难点，也是人们能取得成功的一条途径。

曹操争夺和使用人才颇有一套，“计赚徐庶”就是一个典型例子。

徐庶，字元直，与诸葛亮交情甚厚。其才气与诸葛亮相当，刘备在新政时曾得其出谋辅助，打过几次胜仗。然而，为时不长，因其“为人至孝”，被曹操骗至曹营。

由于徐庶辅佐，刘备节节胜利。曹操问部下是谁为刘备献策。程昱向曹操作了详细报告。说此人是颍川徐庶。他自幼好学击剑，中平末年，曾经为别人报仇杀过人，披发涂面躲避官府追缉，后来被捉获，问他叫什么他不回答，被官吏绑在车上游街示众，被同伴解救，逃走更名，至今还叫单福。之后更加勤奋好学，遍访名师，经常与司马德徽在一起切磋问题。曹操又问：“徐庶的才能比你如何”。程昱说“强我十倍”。曹操感叹这样的贤士被刘备所得，有心招揽。程昱想出了一个办法，说：“徐庶为人至孝，小时候死了父亲，只有老

母健在，他的弟弟徐康也死了，老母无人侍养，可把他母亲骗来，令她写信召回儿子，那时徐庶必然来了。”曹操按程昱说的办法，派人把徐母骗至曹营。然而，徐母不仅不为曹操写信，还拿砚台怒打曹操。无奈，曹操只好令人模拟徐母的笔体给徐庶写了一封信，大意是：我被曹操囚禁，只有你来投降，我才能得救，你要速速前来，以后再想办法回乡耕作，免遭大祸。徐庶信以为真，遂辞刘备来曹营解救老母。结果被老母痛骂一顿，老母自缢而死。为此，徐庶抱恨终生，心灰意冷，委靡不振，一身的才气不得施展。

这一故事后人争议颇多，有人说是曹操奸诈的表现，有人说是曹操爱才的典型，之中是非曲直暂且不论，但曹操能够针对事情的特点，对症下药，把握时机，达到自己的目的，不能不说是技高一筹。

[成功关键]

兵无常势，水无常形。不仅用兵之法，就是谋生保家，也都贵在随机应变。而随机应变，首先必须有一种审时度势的能力。

灵敏如兔，才能不被捕获

一年夏天，乾隆皇帝兴师动众要到承德避暑山庄避暑。从康熙后期开始，皇帝经常带着大队人马来承德避暑。一般是六月启行，八月中旬回銮，几乎年年如此。只有雍正皇帝，一次也没有到过避暑山庄。到了乾隆时，除南巡、西巡、东巡等年份有大活动外，每逢炎夏，乾隆皇帝总要到这里来，

这是他的习惯，一面处理政事，一面打猎、游玩，非常舒服。

避暑山庄附近有座大佛寺，寺内佛像塑造得栩栩如生，特别是那尊大肚弥勒佛，袒胸露腹，直冲那些善男信女憨笑。

一天，乾隆皇帝由纪晓岚和几个侍卫陪同来此。乾隆皇帝见弥勒佛那副笑容可掬的憨态，觉得很有趣，心中一动，又想刁难纪晓岚，所以冲着纪晓岚用手指大肚弥勒佛道："纪爱卿，此佛为何见朕发笑？"问完这个问题，乾隆双目直视着纪晓岚，容不得纪晓岚回避。

这问题很怪异，佛像本身塑造得如此，任何人面对他，都是这副模样，怎么仅说对乾隆皇帝发笑呢？但纪晓岚明白是乾隆皇帝有意难他，沉吟片刻，答道："这是佛见佛笑。"

"此话怎讲？"乾隆皇帝问道。

"圣上乃文殊菩萨转世，系当今之活佛。"纪晓岚假装十分谦恭地说，"活佛来见佛，欢喜至极，因而发笑，故曰'佛见佛笑'。"

"嗯，说得好。"乾隆皇帝道。但他不情愿就这样便宜了纪晓岚，总得让纪晓岚难堪答不出来，因此他想了想，突然眼珠一转，又问道："纪爱卿，佛见卿也笑，这又是为何呢？"

这话问得很厉害，佛见皇帝发笑，为何见臣僚也发笑呢？如果按照前面的理由解释，那臣僚成了与皇帝同等的地位，这在君臣关系上是犯大忌的。

纪晓岚听后一怔，惊出一身冷汗，但他很快平静下来，略一思考，笑着答道："圣上，佛见臣笑，是笑臣不能成佛。"这话就把君臣差别拉得远远的，一点也不犯忌。乾隆皇帝原想攻他的难处，却被他巧妙地避开了，心中很佩服纪晓岚的才智。

在古代，任何一个精明的君王都会喜欢聪明伶俐的臣民，因为这样的人可以顺利地应付突变事件，想到自己所考虑不

到的问题。试想一个呆头呆脑的人，他又如何能担当此任呢？对于自恃甚高的乾隆皇帝来说更是如此，他既需要服服帖帖的忠顺之臣，也需要聪明伶俐的能臣。而纪晓岚恰好是一个聪明伶俐的臣子。

这年夏天，乾隆皇帝新添了不少扇子。当时有一个风俗，即文人都爱在扇面上题一些字画，以彰显儒雅。乾隆选择了最喜欢的一把扇子令大才子纪晓岚题写扇面。纪晓岚便把乾隆喜欢的唐代王之涣有名的《凉州词》写了上去。《凉州词》全文为："黄河远上白云间，一片孤城万仞山。羌笛何须怨杨柳，春风不度玉门关。"

可是，仓促中，纪晓岚不慎把"黄河远上白云间"的"间"字漏掉了。乾隆皇帝一看，知道是着急中出错，心中暗喜，他终于抓住了纪晓岚的错处，便装模作样地把脸一拉，说纪昀欺君！

纪晓岚把乾隆皇帝丢回的扇子一看，才明白漏写了一个字。他想乾隆皇帝发怒，未必是真，可能又是考考自己，于是从容说道："启禀圣上，这不是诗，而是词。"

"此话怎讲？"乾隆皇帝觉得诧异。

"让微臣吟诵给圣上听。"接着纪晓岚吟诵出来的句子是：

"黄河远上，白云一片，孤城万仞山。羌笛何须怨，杨柳春风，不度玉门关。"

经纪晓岚这一重新断句，《凉州词》果然由诗变成了词，而且意思完全不变。这是一种大胆的改写，而且改得相当不错。

乾隆皇帝听后不得不佩服，于是哈哈大笑，连连称赞纪晓岚机智。

[成功关键]

灵敏如兔，才能不被捕获。人都有出错的时候，纪晓岚亦是如此，但他能转危为安，靠的是灵敏如兔般的机敏、胆略，而且这是纪晓岚惯用的灵敏术。

开拓一条属于自己的路

曹操起家时资产实在不多。他的称霸之路也颇为独特，即几乎没有走“因人而起”的环节。他拒绝和强大者合作，一开始就独树一帜，扯旗打自己的牌。开始他拒绝董卓的推荐，就是看出董卓不得人心，他日必败。他不愿与这条看上去很强大的船一起沉下去。这说明他的见识确实高人一等。按常规来做，曹操可以利用董卓之名，行自己之实，或者韬光养晦，待机而起。但时不我待，落后一步，步步失着，曹操要的是时间成本的最大值。所以，他从洛阳城跑出来，看见董卓发布的缉拿令，一路上他更名换姓，直到陈留才喘一口气，经过变卖家产，凑成三千人的队伍，这就是他起家的老本。以后，他又率先讨董卓，这虽是以卵击石，又违反常规，但他要打“落水狗”，为自己赢得天下美名，这就是邀誉的路数。但区区几千人马，如何能抗百万大军？他寄希望于各路诸侯，想浑水摸鱼。但诸侯们都看重自己的血本，均观望不前，只有曹操孤军奋战。在汴水兵败于董卓后，曹操回到酸枣大本营，对各路同盟仍抱有希望，并做过鼓动，且谈及自己的战略构思。曹操号召各路英雄占据险要，成多路合击之势以威慑称霸长安的董卓，使其不战自败，但依然无济

于事，而且各路将领很快有摩擦而火并，走上各自发展、割据一方的道路。

在这种局面下，曹操想进攻董卓已是孤掌难鸣，若没有盟军的相互支持，他的生存都成为问题。因此，鲍信向曹操建议说：“眼下联盟已散，袁绍却以盟主的身份乘势积极发展自己的势力，必会造成新的祸乱，成为第二个董卓。若现在想除掉他，我们还没有力量，或许还会遭到危险。不如先向黄河以南发展势力，以待形势变化。”

曹操觉得这个提议十分好，立即实行。这样，曹操同关东众将一样，也走上了个人发展的道路。只是关东诸将是主动的，曹操是为生存所迫。还有一个目的问题，从当时诸将的行动和胸怀来看，曹操举义兵，是真心实意为国除暴的，并且不计个人得失，以献身成仁之勇力，亲冒矢石孤军作战。这应是曹操了不起之处，而且也应该说此时的曹操是真正的忠臣义士。

而关东诸将则不然，拥兵自重，说到底不过是心胸狭隘，目光短浅。

曹操为何需实施“自我发展战略”这一步呢？建议虽是鲍信提出来的，但对曹操来说却是必走的一步棋。

最根本仍是为了地盘。经酸枣会盟、汴水之役、联军解体，曹操虽有河南郡，但那地方毕竟太狭小，且曹操即便占领这一地方，说到底还未得到朝廷的正式任命。所以曹操仍无立足之地，因此曹操必须尽快寻到安身之地，为他的事业，为他的抱负，尤其为他拉起一支适中的队伍。

然而，当时群雄割据，寸土必争，要找一块地方谈何容易？此时的刘备不也在漂泊、寄人篱下吗？并且刘备流浪了很长时间。当关东各郡起兵讨董卓，陈兵荥阳、河内一带时，

青州一带的黄巾军和河北黑山军，百万之众以燎原之势发展，黑山军攻邺城，又南渡黄河攻东郡（故城在今河南濮阳市西南），东郡太守王肱不敌义军。经袁绍举荐，曹操接替了王肱。这样就为曹操在河南、山东发展势力提供了便利。

对于曹操的行动，袁绍也十分高兴，因为对付义军，作为官军他和曹操有着共同利益，更关键的是曹操在河南和义军交战，正好牵制缓解了义军对他统治的冀州的攻击。但袁绍只知其一，不知其二；只看到自己可获得益处，没有看到无处藏身的曹操一旦攻夺了河南，根基扎实，正是自己末日来临之时。

半年之后，青州黄巾军又聚集成百万之众，变北上为西进。进入兖州之后所向披靡，先拿下任城，击杀国相郑遂，接着攻破东平县，擒斩了兖州牧刘岱。

黄巾军声势浩大，兖州州治昌邑县城一片惊恐。州内主要官员在一起商讨之后决定，为了不让黄巾军席卷兖州，必须由一个强而有力的人担任州牧，等中央政府派人已来不及了，可由曹操暂时担任。让曹操代牧是陈宫提出的，他说："当今天下分裂，兖州无主，曹东郡是救世之才，若迎以为州牧，必然使百姓安宁。"于是，大家委派陈宫、鲍信和治中万潜去迎接曹操。

在东武阳城的太守府里，陈宫对曹操说："如今兖州无主，与朝廷又失去联系，我已说服州内官员，请府君去任州牧。"他害怕曹操谦让，又说："府君若以兖州作为根本，将进而安定天下。这可是霸王之业啊！"

兖州为东汉十三州之一，下辖陈留、山阳、济阴、泰山、东郡五郡和城阳、济北、任城、东平四国，是一个地广人多的大州。曹操心想，若能拥有兖州的地盘，向河南发展就有了可靠的根基，于是欣然同意，立即率军直逼昌邑。

但开始的几场仗，曹操大多失败而归。在寿张城下，曹操与鲍信巡查前沿阵地，针对黄巾军骁勇善战、恃胜而骄的特点，决定以奇兵挑战、正兵攻击，先打一仗再回师固守。此时，黄巾军发现曹操等人，顿时如潮水般涌来，刀矛齐举，杀声震天。曹操身边只有少量骑兵，顷刻之间被困在了中间。鲍信为了保护曹操突围，殊死拼杀，殁于阵中。曹操撤到城内，据险顽强抵御，打败了黄巾军的轮番进攻。战事刚停，曹操悬赏派人寻找鲍信的尸首，没有找到。曹操无奈只得命工匠用木头雕刻成鲍信的身形，哭着祭奠了他。

过了不久，曹操试图摆脱被动防守的局势，亲领一千余步骑到城外了解地势。刚一接近黄巾军大营，再次受到围攻，死伤了数百人才冲出来。之后，曹操唯有坚守。其州兵新招募的占多数，缺乏训练，又屡次战败，士气逐渐低落。

曹操的意志面临着考验，若在寿张战败，兖州必会失去。只顶住黄巾军的攻势还不行，还要利用其弱势战而胜之。曹操振作精神，披甲缨胄，到各营犒劳官兵。申明赏罚规定，在积极防御的同时密切关注黄巾军的动向。黄巾军求战不得，戒备逐渐松懈。曹操乘机发起攻击，迫使黄巾军后退。

战事处在相持阶段。代理寿张县令程昱千方百计为曹操筹备粮草，援兵也络绎开来。黄巾军的攻势削弱下去，致函曹操："往昔你在济南毁坏神坛，其宗旨与我军奉行的中黄太乙之道相同，好像明白事理，而今却变糊涂了。汉朝气数已尽，黄家正当兴起，这个必然的趋势不是你凭才智和力量所能阻拦的。"曹操阅毕，气得高声叱骂。从内容看，黄巾军觉得曹操曾在济南禁毁淫祀，铲除诸神，伸张正义，比较开明，可以争取过来共同推翻东汉王朝。

［成功关键］

战争的胜败，取决于“选择”方案、方略的正确与否，人生的经营也是如此。所以开拓一条扬长避短、适合自己发展的独特之路，是成功的关键。曹操在随后的几次战役中，彻底打败了黄巾军，并开示降路，黄巾军一百余万兵众投降了曹操，曹操从中挑选出五六万人，组成青州兵，将降众家属聚集起来屯田，就地安置，生产自给。从此，曹操有了一支真正与各路英豪相对抗的军队。

立基：

基础是成功的前提

万丈高楼平地起，只有牢固的地基，才能保证大楼的空间稳定。人要在社会发展中实现自身价值，打好基础是非常重要的。在社会中要找到适合自己的发展空间，虚心学习别人的长处，并善于借鉴成功经验，这样才能成就自己的大事。

退步，是为了进步

低调退守可以麻痹对手，退守能给人造成已经战败认输的错觉。

当你的强劲对手认为你已经战败认输，就会觉得你已不再能够恐吓到他，不再是他的对手了。而此时，他往往还有其他更重要的事情要做，所以，会把你暂时搁在一边，或者干脆不管你，这样，你就可以养精蓄锐，东山再起。

重耳是春秋晋献公的儿子。晋献公在夫人死后，将他最宠爱的骊姬封为夫人。骊姬要立自己的儿子奚齐为太子，就逼死了太子申生，并且阴谋杀害比奚齐年长的公子重耳和夷吾。于是重耳和夷吾分别逃到国外去避难。

公子夷吾在晋献公死后，得到秦穆公的帮助，于周襄王二年（前650）回国做了国君，就是晋惠公。

十四年后患了重病，不能临朝。留在秦国做人质的太子得到这个消息，担心君位被人抢走，乘天黑逃回晋国。晋惠公也担心公子重耳归国抢夺君位，寝食不安。大夫欲芮献策说："重耳在外流亡，毕竟遗患无穷，不如想法把他除掉。"晋惠公就派了一个叫勃鞮的人去刺杀重耳。

重耳逃出晋国之后，一直住在狄国避难，一住就是十二年。晋国有才干的人，像狐毛、狐偃、赵衰、介子推等人全跟从他。有一天，狐毛、狐偃兄弟二人收到父亲狐突的信，信中说："有人三天内即去谋刺公子，快做准备。"他们赶快报告重耳。大家商议准备逃往齐国。次日，重耳还在收拾行李，只见狐毛、狐偃惊恐不已地跑了过来说："我父亲派人送

来急信，说杀手现在提前动身了，让咱们赶快离开！”重耳听说，丢掉行李，撒腿就跑，一口气跑出城外，等了很长时间，跟随他的人才陆陆续续地赶了上来。大家商量了一下，觉得到齐国去还可以安身。

从狄国向齐国去，必须经过卫国。卫文公却不让重耳入城。没有办法，他们只得绕道走。一路上无依无靠，没有干粮，只得沿路乞讨。

一天，他们走了几十里路不见人家，太阳当午了，还没吃上早饭，又累又饿，看到远处大树下一伙农夫正在吃饭，而且边吃边谈论着年景收成。重耳叫狐偃向他们要些食物。农夫们看着这些贵族打扮的人说：“我们哪儿有吃的！连野菜都吃不上，没有多余的送人。”另一个农夫从田里捧来一大块泥土，递到重耳面前说：“把这个给你吧。”重耳见状大怒，扬起马鞭，便要打那个农夫。狐偃看见农夫们个个怒目相视，赶忙劝阻说：“想弄点儿粮食不难。要弄片土地只怕就难了，老百姓送给我们泥土可是好兆头啊！这是上天借他们的手对我们的恩赐，得土正意味着得国啊！”重耳闻听有理，遂忍饥上车，向前赶路。他们饥一顿饱一顿，不知走了多久，终于到达齐国。

齐桓公听说重耳投奔到来，知道重耳将来是个有作为的人，马上派人迎接，给他们安排住处。负责接待的人为重耳一行提供车马，送肉送米，招待尤其周到，重耳十分满意。齐恒公为了结交重耳，又把本家的一个美女齐姜嫁给重耳作夫人。重耳异常感激，在齐国前后住了七年。齐桓公在周襄王九年（前643）死了，齐国的五个公子争夺君位，国势逐步衰落下来，追随重耳的几个人商谈准备离开齐国。

但是，重耳痴迷目前的安逸生活，整天陪着齐姜，也不

想离开齐国。狐毛等人想见到他也不容易。魏犨是个直性子的人，早对这种情况有看法，骂骂咧咧地说：“我们以为公子是个有作为的人，所以情愿随着他东奔西跑。如今他只知道吃喝玩乐，陪着老婆，我们想见他一面都这么困难，难道一辈子就这样下去了吗?”狐偃说：“各位不要着急，要让公子振作起来，我倒有个主意。”赵衰说：“你有什么妙招?”狐偃说：“这里不方便说话。”就拉着他们几个人，来至城外桑林的深处，大家都坐在地上。狐偃说：“我们不离开这里不行了！大家去把行李齐备好，只要公子一出来，咱们就说请他到城外打猎，一出了城，我们赶车就跑，他能有什么办法?就是不知上哪国去好。”赵衰说：“宋国总想当霸主，他们很需用人，咱们去找宋襄公试试。如果不行，再到秦国或者楚国去。”狐偃又说：“宋国大司马公孙固和我是朋友，我想可以到宋国去。”这几个人以为，他们的谈话没人听见，商议好了就分头去准备。没料到齐姜的几个使女正在采桑叶，听见了他们的谈话，回去后如实报告了齐姜。齐姜怕使女们走漏消息，把她们杀了，之后对重耳说：“我听说您要离开齐国?”重耳说：“人生安乐，孰执其他！必死于此，不能去！”齐姜对他说：“您放心去吧！一味贪图享乐，只会将您毁了。再说，夷吾目前已经闹得众叛亲离，晋国连年得不到安宁。公子借这个机会回国，君位肯定能够得到，开创霸业。”可重耳依然不听。

次日天刚亮，赵衰、狐偃来请重耳。重耳正在酣睡。齐姜将狐偃叫了进来，问他何事。狐偃说：“公子过去在狄国时，每日乘车驰骋，现在长时间没出去活动，我们唯恐他闷坏了，想请他去打猎。”齐姜笑着道：“您别讲笑话，去打猎，为什么要做远行的准备?”赵衰、狐偃听了大吃一惊。齐姜

说："你们不要骗我了。你们商谈的事，我都知道了。我很钦佩你们的一片忠心，我也曾经劝过公子，但是他不听；这次我肯定给你们帮忙。今天晚上我陪公子喝酒，把他灌醉，你们乘夜里把他拉出城去，做你们的大事去吧。"狐偃见齐姜见识非同一般，不由肃然起敬。

当天晚上，齐姜在宫内摆下酒席，请重耳喝酒。重耳问说："今日晚上为何这样大摆酒席啊？"齐姜说："我听说公子就要远行，特地设宴饯行。"重耳道："人生有限，只要能舒适如意，何苦去想别的事呢？"齐姜说："公子应当有志向，听取手下人的忠告，去做大事。"重耳听了很生气，撂下酒杯不喝了。齐姜怕将事情搞砸，笑着说："一句戏言，何必当真呢？若要是走呢，那是公子的志向，这酒就算饯行；若是不走呢，那是公子待我的一片深情，这酒就算表达我向您的感谢。来！让我们举杯畅饮吧！"重耳这才转怒为喜，开怀畅饮起来。齐姜不断劝酒，重耳只一会儿就醉得不省人事了。齐姜赶忙派人去叫狐偃，狐偃等人七手八脚地将重耳抬上车，连夜出了城。

他们一口气跑了五六十里，才放缓了脚步。这时正当雄鸡啼晓，东方既白。重耳翻了个身，感觉摇晃得厉害，睁开双眼一看，才知道自己是躺在车上，也不知到了什么地方，当场大怒，骂道："你们要造反吗？为什么不同我商谈就把我弄出了城？"说罢，从魏擎手里夺过戈就向狐偃刺去。狐偃连忙跳下车。重耳便下车追赶。大家连忙婉言相劝，重耳气呼呼地说："这次如果成功，就算了；倘若不成功，我剥下你的皮，吃下你的肉！"事到如今，重耳亦无可奈何，只得和大家一起上路。

重耳一行人来到曹国。曹共公是个贪吃喝图玩乐的家伙；

他身边的大臣也多是趋炎附势的奸人，对重耳这位落难公子傲慢无礼，不愿搭讪。因此，重耳在曹国只住了一夜，次日就动身前往宋国。

宋襄公的大腿在战斗中受了伤，正在养伤。他尽管被楚兵战败，可对称霸之事仍念念不忘，总想找到能人帮助他，重整旗鼓，报仇雪耻；现在他听说重耳来投奔他，非常高兴，立即就派公孙固去迎接，下令要用国君的礼节招待重耳。可是宋襄公有心无力，加上伤势越来越重，根本没有能力相助重耳回国。狐偃等人看到这情况，只得告别宋国君臣，来到楚国。

重耳受到楚成王非常隆重的欢迎，楚国用招待国君的礼节招待他。楚成王待重耳越恭敬，重耳表现得越谦虚。然而，这次，重耳跟住在齐国的时候不一样了，他现在经常想起回晋国这件大事。有一日，二人谈得正尽兴，楚成王问重耳道："公子若回到晋国，怎样回报我呢？"重耳说："珠宝金银，您多的是；异兽珍禽，本为楚地的特产。任何礼物都无法表达我对您的谢意，因此，我真不知道用什么报答您。"楚成王笑着道："尽管我们什么都有，但你就不想报答我吗？"重耳说："果真托您的福，我能够回到晋国，一定与楚国和睦相处；将来若两国打起仗来，我一定下令晋军退避三舍，来答谢您的恩情。"古时，三十里为一舍，"退避三舍"，就是向后退九十里。楚成王认为重耳是说笑话，一笑作罢。楚将成得臣却气坏了，他和楚成王说："重耳狂妄自大，竟然想将来跟咱们较量，野心真不小，趁现在将他杀了吧！"楚成王说："怎能这样呢？晋公子志向高远，跟随他的人也都有才干，将来必定会成大事的。"从这以后，楚成王更加器重重耳了。

这时，秦穆公在各处打听重耳的消息，听说他正在楚国，

立即派人来接。楚成王和重耳说："秦伯派人来接您了，他将帮助您回国，这真是再好不过的事情。"重耳听到了这个消息非常高兴，他明白秦国力量很大，送他回国没有问题，但他为了向楚成王讨好，假惺惺地说："我宁可跟着您，不愿去到秦国。"楚成王道："我知道您信任我，但您要为您的大业着想。我国距贵国远，当中隔着好几个国家；秦国与贵国是紧邻，早上出发晚上就到了。何况秦伯和晋君有矛盾，他对晋君很不满意，他肯定会尽力帮助您的。别考虑了，快上路吧。"重耳便告辞楚王，带着一行人向秦国而去。

重耳抵达秦国，秦穆公热情款待，还把孀居的女儿怀嬴嫁给重耳。

有一天，大家正在高兴谈笑之时，狐毛、狐偃兄弟两人跑了进来，捶胸大哭，要重耳为他们报仇。原来晋惠公死后，继位的怀公和他父亲一样，早晚担心重耳回来攻夺王位，下旨凡是追随重耳的人，三个月内必须回国；过时不归，就是国内的父兄没叫他们回来，统统处死。狐突由于不肯招他的两个儿子回来，就被晋怀公杀了。重耳把这事告诉了秦穆公，秦穆公说："此乃天赐良机，不要错过，我将亲自率兵送你们回国。"

周襄王十六年（前636），秦国大军来到了黄河。秦穆公派公子絷率兵护送重耳过河，自己率兵驻在黄河西岸，作为接应。

公子絷护送重耳过河以后，一连攻下好几座城池。晋军大将吕省、欲芮看见秦军势不可挡，又见人心全向着重耳，就和公子絷订立盟约，投降了。晋怀公弃城逃命，过了不久被人杀死。晋国的文武大臣拥护重耳为国君，就是历史上所称的晋文公。

晋文公自四十三岁起逃难，至即位时已经六十二岁了，计算起来，在外邦颠沛流离，前后共计有十九年。长时期的流浪生活，使重耳和他手下的那班大臣，既磨炼了意志，又开阔了眼界，更提高了政治才能。重耳做了国君之后，汲取各国经验，用来改革国内政治，安抚人心，晋国很快强盛起来。

[成功关键]

事业的发展在于基础的牢固和扎实，不能急躁冒进，有时要采取迂回曲折方法。因为事物的发展往往不是一帆风顺，也往往让自己难以掌控，有时，当时机还不很成熟时，若一味朝着目标迈进，就有可能损兵折将，碰一鼻子灰。而如果能够精识时务，在不利的情况下暂时退后一步，避开危势，等待机遇，再伺机而动，就有可能成功。因此，如果不能进时，就退。先退出来，之后再图进取。有时退步，就是为了进步。

缺乏韧劲将一事无成

清代名臣张之洞是一个有雄才大略之人，不但志向远大，而且有持之以恒的韧劲。在京城做言官时，张之洞接连上了几道极具反响的奏疏，得到了朝野内外的刮目相看。随着声誉愈佳，张之洞想到的决不是适可而止，他决定因时顺势，行其所宜，发挥自己在进谏方面的优势，针对为政流弊所在和君主之忧，通过上疏，提出处理问题的办法，以解君忧或匡君之不逮，赢得朝廷的赞赏，而使自己得以晋升。这不失

为一种表现自我、展示才能的重要方式。所以张之洞无论是做言官还是任封疆大吏，或单枪匹马，或联袂奋笔，不断递交能在清廷中引起强烈震动的奏疏。

在抵抗外国侵略的过程中，张之洞怀着维护民族尊严、保护国家利益的报国之心，坚决抵制外来入侵势力。19 世纪 70 年代后期，国内矛盾渐趋缓和，中外矛盾却越发激烈，边境冲突纷至沓来，日本在东南挑衅，俄国在西北觊觎大清边疆，外敌侵略的事件层出不穷，1864 年，在陕西回民起义的带动下，深受清政府高压统治之害的新疆各族人民爆发了大规模的反清武装起义，当地少数民族中的上层封建主也趁势而起，窃据起义领导权，制造民族分裂，相互攻打，新疆陷入混乱的割据局面。

1864 年夏，占据喀什噶尔的柯尔克孜族人司迪克伯克六攻英吉沙尔等城，一直不下，于是派回民头目金相印赴邻国浩罕请求支援。浩罕汗阿力木库里派遣阿古柏率军侵入新疆。几年间，阿古柏占领南疆八城，建立哲德沙尔汗国。自称“毕条勒特汗”。此后，阿古柏在新疆进行了长达十二年的封建神权统治，使新疆人民陷入水深火热之中。

阿古柏入侵新疆，得到了英国和俄国的支持。英俄两国在中亚地区素有嫌隙。英国扶持阿古柏，是想把他作为阻挡俄国南窥印度的屏障。正在蚕食中亚三汗国的俄国，则竭力拉拢阿古柏，想以其作为加紧侵占新疆的工具。最终，英国在争取阿古柏的战争中占了上风。1871 年，当阿古柏侵略北疆时，蓄谋已久的沙俄悍然出兵侵占伊犁地区，阻遏了日渐向北扩展的英势力。

当时，清政府腐败无能，且又遭受到太平天国、捻军和西北回民起义的沉重打击，对阿古柏入侵新疆一事既无力还

手，又不敢据理力争。直到伊犁被沙俄占领，这才意识到问题的严重，于是调兵遣将，加强防范。但由于其仍处于镇压西北回民起义的过程中，便寄希望于以谈判来处理问题。

1873年，日本侵占台湾，东南海疆防务也吃紧了。直隶总督兼北洋大臣李鸿章主张把西部战场移到东南海防，他认为依照当时清政府的力量，海防和塞防难以兼顾。不收复新疆，对大清朝廷来说，伤不了什么元气；而如果海疆失守，那就是朝廷的心腹大患了，这是最可怕的。而陕甘总督左宗棠则坚决反对这种顾此失彼的政策，主张塞防力主收回新疆。他认为，如果此时为了节约兵力和军饷，而自疆撤兵，就是自撤藩篱，那么我们兵退一寸，敌人就会进犯一尺，而且关外藩篱一撤，就好像打开了外门，即使我们想闭关自守，但形势也不会允许的，到那时蒙古、陕甘等边境，就一定会时时有敌寇前来侵犯，那时就防不胜防了。

清政府权衡利弊，采用了左宗棠的意见。1876年到1878年，左宗棠舆梓亲征，排除万难，最后平定了阿古柏之乱。沙俄当初强占伊犁的借口是安定边境秩序，保护侨民，欺骗清政府说俄国无久占之意，代为收复，权宜派兵驻守，俟关外肃清，乌鲁木齐、玛纳斯等城克复之后，即当交还。因此清政府在左宗棠率军收复了乌、玛诸城后，请求沙俄归还伊犁，沙俄自食其言，推诿耍赖，要求先议后交。1878年6月，清政府只好派崇厚为首任驻俄公使，赴俄交涉。

听说朝廷派崇厚前往俄国交涉，朝中许多深知其为人的大臣都深表担心，而密切关注中俄关系发展的张之洞，更是忧心忡忡。他立即代张佩纶上疏。在奏疏中，他建议让崇厚起程之前，先去新疆切身体察一下那里的形势，了解一下那里的具体情况，这样在跟俄国交涉时，就能做到心中有数了。

而且还提议让崇厚去俄国之前，先与左宗棠商量商量，因为在新疆与俄国的问题上，左宗棠最有发言权。但是清廷没有采纳。

结果，崇厚到了俄国，由于他不懂外交、不明新疆的具体情况，所以沙俄先以谎言欺骗他，之后又多方催逼他在条约上签字。在沙俄的玩弄下，崇厚于1879年10月2日在克里米亚半岛的里瓦几亚擅自与沙俄代理外交大臣吉尔斯订立了《交收伊犁条约》。签约后，崇厚电告总理衙门，但是还没等国内给予答复，就自主起程回国了。中国丧失了大片领土和大量权利，偿付巨额兵费，换回的只是一座险要尽失、三面被围的伊犁空城。消息传至国内，舆论哗然，纷纷要求毁条约，诛崇厚。

清廷负责外交事务的总理各国事务衙门知道用人失当，上奏将崇厚革职，同时把意见奏明朝廷。

当时左宗棠站在维护国家领土完整的立场上对崇厚痛加驳斥，他说："在战争还没有结束，战事于我非常有利的情况下，却割地求和，真是不可思议。这就等于是把肉骨头投给狗，狗吃完骨头，还不知足，还要向你要吃的一样。现在造成的这种灾难，后患无穷啊！这般不顾国家民族利益，真是可悲可恨到了极点。"左宗棠思前想后，提议先跟沙俄去交涉，申明崇厚所签订的条约，是自作主张的，朝廷和全国百姓都不允许，必须重新商谈；若沙俄不答应这样做，那么就用武力来解决问题。左宗棠还坚决地表示，只要坚持顽强抗敌，一定能取得战争的胜利。

在朝廷全部的官员中，只有几个人主张承认条约，其中包括李鸿章。李鸿章一贯主张"和戎外交"，他在给朝廷的奏疏中称："崇厚这次出使俄国，是奉朝廷的旨意代表清政府去

全权解决新疆伊犁问题的，不能说他没有订立条约的权力。如今条约已经签订了，我们允诺了人家那些条件，现在却反悔了，这就是我们的错了。自古以来，邦交之道，先论对错。若错在我们，可是我们却不肯认错，那么就等于我们是自取侮辱；即使打起仗来，我们也是底气不足，不会有什么士气的。”

李鸿章也提出了意见，他说：“日倭十分害怕沙俄，我们如果对日本谦让，可是日本并不能帮助我们来对抗俄国，那么我们不如稍微对沙俄做些让步，从而借助于沙俄的势力来震慑日倭。”李鸿章之意是以割地赔款来讨好沙俄，想借沙俄的势力来对抗日本。他还对左宗棠提出质询：“左帅带领一帮迂腐的、书生气十足的文官，不顾国家安危，力主开战，请问他们有什么把握？”

对于李鸿章的妥协退让，许多官员义愤填膺，张之洞、张佩纶、陈宝琛等一班清流派官员接连上疏，请求朝廷坚定立场，挽回国家利权。张之洞对此事颇为关注，从 1879 年年末至 1880 年的一年左右时间里，前后上疏二十多次。其中 1880 年 1 月所上《熟权俄约利害折》在当时影响最大。张之洞在奏折中具体分析了条约中的十大不合理之处，坚决表示一定要修整此条约，绝对不能予以承认，并特别强调：若不改此条约，那么国将不国了。同时，他提出了修改条约所必须提前做的工作，这就是首先要把崇厚捉拿起来，交给刑部，依法给予惩处，只有这样严肃惩处使臣，才能堵住俄国人的嘴，让沙俄看到我方政策强硬，维护大清的尊严与利益。一方面，要大造舆论，朝廷要颁布圣旨，把沙俄所强加于清政府的条约之不公平，和国人的愤怒之情公告于天下，让所有的人都知道中国人是不可随便欺负侮辱的。另一方面，朝廷

要命令边臣做好战争准备，一旦中俄两国发生战争，不可打无准备之战。要想取得战争的胜利，只有急修备战一种办法，我多一分兵威则敌人少一分要挟。接着，张之洞详细地陈述了各海口的防备情况、优点和弱点，以及充实的具体办法。张之洞还指出要暂缓收回伊犁，因为要回伊犁而拒绝履行条约，我方是有不对之处，但是强夺伊犁的借口是帮助我们防卫，错在沙俄。还有就是提出备战之策，在新疆、吉林、天津三路设防，调兵遣将，以防不测。

张之洞在奏折中痛切地指出：现在大清政府的处境日益艰难了。西洋人派兵想攻夺我们的国家主权，日本人想侵略我们的领土，现在俄国人又故意挑衅，想惹起事端，现在我们有勇猛的武将，有运筹帷幄的谋臣，完全可以对沙俄一战。如果再过几年的话，左宗棠已经衰老了，李鸿章也不是正值当年了，文臣武将，精神与力量都渐渐消退了，大家即使想对敌一战，也是力不从心了。而俄国人必将占领我西部，进而向东侵略，他们还会在北方加强兵力，那时他们纵横于我国边疆南北。如果我们现在不誓死捍卫边疆，若等以后在关内展开了战争，我们后悔也晚了。

张之洞这份《熟权俄约利害折》递上后，引起了清廷的高度重视。慈禧阅读以后拍案叫好。她觉得李鸿章的奏疏说，放弃新疆塞防而不争，只顾东南海防，这相当于是关住前门防虎豹，打开后门进豺狼。关前门，开后门，还是等于没关门，过于迂腐；而左宗棠的奏折只提到新疆一带边境，丝毫没提到东南一带海防。只有张之洞主张海防、塞防兼顾，分析周到，思维缜密，堪称是十分全面的部署！

我们从张之洞的力谏精神，可以看到一个人的“责任”是何等的重要。

担负责任，是成功者必备的素质之一。而成功者面临的责任是众多的，首先就是要对自己负责。只有对自己负责，使自己有一颗独立的责任心，才可能负起其他的责任来。

[成功关键]

每个人都应该有一股做事的韧劲，坚持把自己要做的事做到底。英国首相丘吉尔不仅是一名杰出的政治家，而且是一个著名的演讲家，十分推崇面对逆境坚持不懈的精神。他最后一次演讲是在一所大学的结业典礼上，演讲的全过程大致持续了20分钟，但是在那20分钟内，他只讲了两句话，而且都是相同的：坚持到底，永不放弃！坚持到底，永不放弃！有很多人缺乏的就是这股韧劲，所以一事无成。张之洞则不然，他坚持不懈地做好每一件事，不怕有什么错误。

低调退守，明哲保身

清代中兴名臣曾国藩计深谋远。他既有较高深的修养，又有非常的才能，善于分析形势，作出对策。

攻下金陵之后，曾氏兄弟的声望，可谓如日中天，远近闻名，曾国藩被封为一等侯爵，世袭罔替；曾国荃被封为一等伯爵。所有湘军将领及有功人员，均得到封赏。湘军人物官居督抚的便有十人，长江流域的水师，均在湘军将领掌控之下。与此同时，朝廷的猜忌与朝臣的妒忌随之而来。工于心计的曾国藩从容应对，立即就采取了一个裁军之计。不等朝廷的防范措施下来，就先来了一个自我裁军。

曾国藩的计谋手法，自是胜出一筹。他在战事还未结束

之际，即打算裁撤湘军。他在两江总督任内，便已拼命筹钱，两年之间，已筹到550万两白银。钱筹好了，办法拟好了，战事一结束，便宣告裁兵。不要朝廷一文，裁兵费早已筹妥了。

同治三年六月攻下南京，取得胜利，七月初开始裁兵，一月之间，首先裁去25 000人，之后亦略有裁遣。人说“招兵容易裁兵难”，在曾国藩看来，因为事事有计划、有准备，也就变成招兵容易裁兵也不难。

曾国藩熟知老子的退忍哲学。他对清朝政治形势有明晰的把握，对自己的官途也有一套实用的哲学理念。他在给其弟的一封信中表示说：“余家目下鼎盛之际，沅所统近二万人，季所统四五千人，近世似弟者，曾有几家？日中则昃，月盈则亏。吾家盈时矣。管子云，斗斛满则人概之，人满则天概之。余谓天之概无形，仍假手于人以概之。待他人之来概，而后悔之，则已晚矣。”

在封建社会，历代都有君臣互相猜忌而出现皇上杀权臣的悲剧，特别是当国家大难已过，臣下功高盖主之时，更是这样。曾国藩平定了太平天国运动，又拥有重兵，遭到皇室的猜忌是非常自然的事。但是，由于曾国藩非常有韬略，他计划缜密，早早就安排好了如何消除朝廷的顾忌，主动把能征善战的湘军裁撤掉，这就消除了清廷的猜疑，因而保全了官位。这是曾国藩精于韬光养晦的大谋略。

[成功关键]

若你的实力比较强大，或许就会对别人构成威胁或者潜在威胁，这样，人家早晚要想办法削弱甚至覆灭你的。如果这时你能够主动退守，明显弱势，别人看到你已经弱小了，

他就不会千方百计地算计你了，这样，反而能够保全自己。

精心盘算，不可莽撞行事

有一日，被武则天收买的王皇后贴身侍女偷偷地告诉武则天一件秘事，说王皇后同她母亲魏国夫人私自令人做了一个小木人，形似皇上。她们在小木人身上钉上铁钉，整天焚香祈神，咒皇上早崩。

昭仪听毕大喜，忙上奏高宗。高宗听完，半信半疑地问："此事当真？"武则天很有把握地说："这是皇后近人所言，难道还能有假？"随即，她又劝说高宗："臣妾不过是向陛下说说，陛下千万别当回事，以免影响圣躬。"这几句火上浇油的话使高宗火冒三丈，当即要把王皇后召来质问。

武则天笑道："陛下没拿到证据，凭什么责问？"高宗一想，有理，不禁犹豫起来。武则天趁机又献计："陛下不妨悄悄去后宫查验一番，证实之后再做处理。不要打草惊蛇，那样反倒难办了。"高宗感到很有道理，随即前往王皇后寝宫。

自从皇上产生了废立想法以后，王皇后心中一直惴惴不安，总担心有一天会突然降下一纸诏书，摘去她的凤冠。尽管朝中有长孙无忌等一帮大臣做主，她仍放心不下。她时常在背地里流泪，不思饮食，埋怨自己命运不济。她的母亲柳氏心疼自己的女儿，就对她说，如今屡遭磨难，或许是冲了小人。应多焚几炷香，祈神消灾。她秘密地请来一个僧人，念了一会儿佛，那僧人削制了一个小木人，钉上铁钉，嘱她每天在佛前焚香叩拜，百日之后，即可大顺。

高宗到皇后寝宫的时候，王皇后正虔诚地焚香叩拜，脚

下放着那个小木人。这绝非巧合，而是武则天的精心安排。原来，武则天为了彻底扳倒王皇后，背地里买通了王皇后的贴身宫娥，那宫娥及时地禀报了王皇后这一行为。武则天感到有机可乘，就诬告王皇后，大做起文章来。

高宗看到此种情景，心中大怒。王皇后此时百口莫辩，哭得死去活来，乞求皇上恕罪。高宗已经绝情，丝毫不为所动。

王皇后的母亲柳氏闻讯赶来，见此轩然大波，觉得非同小可，忙跪地请罪，并说，这一切都是她一个人的主意，与皇后无关，要治罪，就处置她一个人好了，请求不要牵连皇后。高宗一见大怒，当场严令柳氏立即出宫，永远不得返回。

柳氏狼狈地被赶出宫廷。她的儿子柳爽将她安置妥当后，心慌意乱地回到家中。他预感事情不妙，害怕自己将成为下一个目标。王皇后因武则天诬陷其掐死了小公主，恩宠大衰，柳爽心中不安，主动向皇上上奏，请求解除中书令之职。六月，高宗准许了他的表奏，罢为吏部尚书。高宗传旨，贬柳爽为遂州刺史。七月，柳爽紧步他母亲的后尘，也被迫离开宫廷。到此，王皇后失去了有力的依靠，高宗则进一步坚定了废王立武的决心。

但是，他仍不能做出最后的抉择。因为大臣们尤其是长孙无忌等人反应如何，他还难以精确估量。为了更加稳当，他想出了一个试探性的方法：特设宸妃这一名号，赠予武则天。后宫中原有贵妃、淑妃、德妃、贤妃等四妃，不曾有过宸妃。高宗特设的宸妃，高出所有妃嫔，实质上是皇后的代名。

高宗把这个想法告之于群臣，征询他们的意见。高宗最信任的两个大臣侍中韩瑗、中书令来济最初极力谏阻。他们

的理由是：宸妃的名号古来未有，不宜特置。高宗只好取消了这个计划。

一次又一次的乞求，一次又一次的失败，使武则天痛苦地意识到：皇后的桂冠是等不来的，也是求不来的，必须从根本上解决。

[成功关键]

成功是需要仔细盘算的，不然就会莽撞行事。武则天则是一名盘算高手。武则天意欲嫁祸王皇后，苦无机会，于是以珠宝收买王皇后身边的侍女们，并嘱咐她们密切关注王皇后的活动。这就是所谓权谋。

功夫在别处的高超技法

建安十八年六月，在魏国初建、设官分职的同时，曹操与献帝政治联姻的活动也达到了极限。

献帝一齐聘娶曹操的三个女儿均为贵人，地位仅次于皇后。长女曹宪和次女曹节先行入宫，幼女曹华尚未及笄，暂留魏国。

天子娶妻，丞相嫁女，乃亘古盛事，其迎亲送亲的礼仪自然非凡于普通百姓人家。

汉献帝以大司农安阳亭侯王邑为特使，又设副使一人、随员五人皆以议郎行大夫事，车载璧、玉和素帛、黑帛绢五万匹，从许都径赴邺城纳聘。在曹家受聘后，王邑等立刻返回。

又过了八个月，即建安十九年二月，正式迎娶。献帝以

行太常事大司农安阳亭侯王邑、宗正刘艾为正、副特使，皆持节，随员五人，带着束帛、四马驾辕的香车直奔魏国。紧接着，又命给事黄门侍郎、掖庭丞各一人，中常侍二人随其后。抵邺城不久，在魏公宗庙里庄严赐序，曹宪、曹节二位贵人印绶。仪式毕，使臣随众一同来到魏公宫廷秋门，恭请贵人升车起程。

行至洧仓，献帝所派侍中、宫女和虎贲武士布列于沿线驿站往迎。二位贵人进入许都皇宫之后，御史大夫郗虑奉诏主持盛大的宫廷宴会。中二千石的将、大夫、议郎汇集于殿中，魏国二卿及侍中、中郎二人，与汉公卿并升殿宴。觥筹交错，笙管齐鸣，载歌载舞，以示普天同庆。

献帝和曹操都很重视此次政治联姻，其聘礼之丰厚，仪式之隆重，使者官阶之高，护卫之严密，均前所未见。

但是，由于曹操的这两位千金小姐一同嫁给献帝，使这门婚姻政治交易的色彩不免过于强烈，故曹女自身并非完全心甘情愿。曹操得悉二女愁苦，特地下《内诫令》说："今贵人位为贵人，金印蓝绂，女人爵位之极。"

这明显是从政治地位方面考虑问题，要女儿知足不悔。曹操连嫁三女，联系背景来看，其真实目的不外乎是让做贵人的女儿严紧监视献帝，侦探拥汉反曹派的活动。颇具讽刺意味的是，最初的动机与事后的效果并不一致。七年后曹操病逝，曹丕接受献帝禅让，派人入宫，向业已成为皇后的曹节索要皇帝玉玺。兄长称帝，妹妹理应高兴，不料曹皇后坚决不买曹皇帝的账。曹丕再三催促，曹皇后大怒，居然将传国玉玺扔到了窗外，泪流满面地诅咒说："上天不会再护佑你们的！"显然，曹节在与献帝共同生活的七年里已具有了很深的感情，在其父兄的挟制下与献帝成了苦命鸳鸯，现在见兄

长篡夺了夫君的天下，怎能不恨？

[成功关键]

历代都不乏政治联姻的事，清代把满蒙联姻作为国策，赢来和平。皇室的联姻第一目的当然是出于政治，但像曹操同时献出三个女儿侍奉皇帝，让自己成为献帝的国丈，可说是功夫在别处的高超技法。

深藏不露，伺机而动

藏而不露可以让对手在敌我斗争中懈于防备，若对手认为你对他的威胁十分大，他就会对你处处留心处处防范，让你没有办法按照计划做事。而如果你能够做到藏而不露，让对手认为你对他真是没有威胁，那么，他就会对你不再加以防范。

三国时，曹丕建魏后仅七年就驾崩西天，太子曹叡登基，即明帝。曹叡即位后，三朝元老司马懿被封为太尉，总领内外大军。

曹叡喜欢躺在先辈创立的基业上吃老账，一当上皇帝，即在许昌、洛阳等地兴建土木，建盖宫殿，大肆搜刮民财，贪图享乐。没想到荒淫过度，酿成疾病，仅三十五岁，已是骨瘦如柴，奄奄一息了。为安置后事，便召宗亲大将军曹爽和太尉司马懿到病榻前托孤，当时太子曹芳才八岁。曹叡让司马懿拉着太子曹芳近前答话，年幼的曹芳只是抱着司马懿的脖子不放，昏昏沉沉的曹叡见此情景，顺水推舟地说道："望司马太尉不要忘先主之托，更不要忘记幼子今日对你的相

恋之情，好生辅佐！”司马懿跪在病榻前，连声应承，是日，曹叡便撒手而去了。当下司马懿、曹爽扶太子曹芳登上皇帝位。

辅佐幼主之初，曹爽对司马懿还算恭敬，内外每有大事，常向司马懿请教，两大势力也就相安无事。可这曹爽年轻气盛，自以是君主宗亲，又是顾命大臣，逐渐露出总揽朝政的野心。他明白，不扫除太尉司马懿这个最大的障碍，很难成事，因为兵权全部在这位司马尉手里。于是曹爽以明帝的名义升司马懿为太傅，明是更加尊重，实是夺去兵权，接着又将自己的兄弟和心腹都安置在重要的职位上，顺畅走完了他统揽大权的第一步。司马懿虽然被夺去兵权，但对军队还是很有号召力的，这一点他心中有数，但目前曹爽势盛，且一时又找不到对抗的理由，于是避其锋芒，暂且忍耐，以自己年迈体衰为借口，居家养病。

曹爽以明尊暗禁的手段夺去司马懿的兵权之后，对这个有重要影响力的四朝元老，他还是不放心，便时刻窥视着他的动静。一日，曹爽派一个将要上任的名叫李胜的官员去司马懿家，以告别为名去探听虚实。司马懿一贯老谋深算，一听就知晓来访者的用意。当那个官员到司马懿的府门请求拜见司马太傅，说是前来辞行的时候，司马懿的大儿子司马师怒气冲冲地说：“有什么好辞行的，不过是来试探我们。”

司马懿低声喝道：“凡事不要冲动，他们不是来探我们的虚实吗？我就不妨将计就计，装成要死的样子，让他们信以为真，放松警惕，那时我们就好见机行事了。”

于是，在准备好之后，李胜被带进司马懿的卧室。李胜迎面一看，只见司马懿躺在床上，一副无精打采的样子，双眼无神。丫环正端着碗喂粥，另一个丫环则费力地侧扶司马

懿。司马懿如同行将就木的人，嘴唇木然不动，丫环喂进去的几口粥都顺着司马懿的嘴角流了出来，弄得被褥衣服到处是脏物，两个丫环手忙脚乱地收拾。

两个丫环侍候完毕，离开寝室之后，李胜毕恭毕敬地对司马懿说："很长时间没来参见太傅了，没想到竟病得这般严重。"连叫数声，司马懿才老眼微抬，有气无力地问道："你是何人？"来人答道："我是河南尹李胜，现在天子任命我为青州刺史，特地来向太傅拜辞。"司马懿假装没有听清楚，一边喘息一边应道："并州吗？君……君受屈赴任此州，它地处北方，须严加防守。"那官员见全听错了，赶忙说："我是任青州刺史，而不是去并州。"司马懿又有意错说："啊，你是刚刚从并州来？"李胜对身旁的人说道："太傅怎么病成这等模样？"左右的人答道："太傅病久，现在耳朵也聋了。"李胜说："请借笔墨一用。"左右的人拿来笔墨和纸张，李胜将来意写在纸上，呈给司马懿看。司马懿看后，方才断断续续地说道："我病得耳聋眼花，看来想好转也没大希望了。你这次前去青州，请多多保重。"说到此，又旁顾左右丫环，用手指口，假装要喝的样子，等到汤真的送到嘴边，他又抖抖索索一半进嘴，一半撒落在衣服上，还咳嗽不止，显出一副非常疲乏的样子。李胜见司马懿病成这副模样，也无心久坐，便急忙告别。回去之后，李胜赶紧向曹爽报告说："司马懿真的老糊涂了，连对我赴任的地点都听不清楚，说了半天才明白。"

曹爽听完大喜过望，说道："此老要是死了，我就无忧无虑了。"于是便放松警惕，大着胆子去为所欲为了。

司马懿一看李胜离去，立刻起身对两个儿子说："李胜回去一定向曹爽禀告我的病情，曹爽一听也肯定放松对我们的

戒备，以后我们也好见机行事了。”没过不久，他们果真借口擒杀了曹爽。

司马懿父子三人被夺去了军权，处于守势，本已无力正面与对手争锋，但对方却还未彻底失去对自己的戒备。在这种情形下，若让对方看出丝毫不满和反抗的迹象，则容易引起警惕，而更加欲置于死地而后快。为松懈对方的戒备，免遭祸殃，最妥切的办法就是想方设法制造假象，迷惑对方，麻痹对手。为达到此目的，司马懿不惜屈辱自己，装作病入膏肓、不可救药的样子，一退再退，不但有效地避敌锋芒，而且让对方产生了错觉，最终达到了保护自己、等待时机的目的。

[成功关键]

此为韬光养晦之术的运用。韬光养晦本身的含义就是隐含锋芒，收敛锋芒。所以，要求用此谋略处事时要有深藏不露的城府，不能张扬。然而，韬光养晦的目的并不是仅为藏而藏，而是积攒实力，等时机成熟时再出击。因而，此策略的关键在于平时一定不能显山露水。

不拘一格，大胆创新

清朝，江宁县有一陈家之女，许配给了李家之子。陈父嫁女索要礼金，而李家贫寒拿不出这重礼，导致这对青年男女迟迟不能完婚。当地一淫秽和尚知晓后，设计奸污了陈女。这和尚很有钱，收拢了一班流氓地痞、衙吏乡绅做帮凶，陈女在威逼利诱之下，做了这和尚的情妇。乡中一些无赖知道

后，借故去敲诈。

一天晚上，他们夜潜陈家院外，果真将他们当场抓获并押赴县衙。当时的县太爷是袁子才，他问明原因后，将奸夫淫妇分别拘押，又进行了单独审问。陈女向袁子才哭诉了自己被逼通奸的原委，又倾诉了她对未婚夫的眷恋之情。

袁子才据情审理，认为如果判此案为通奸，又觉冤了陈女；判和尚强奸又说不过去，因为他们毕竟同居了一个月。既然陈女还眷恋着未婚夫，就成全她的情缘吧。于是，袁子才把和尚秘密提到县衙，训斥一顿后命他写了一张200两银子的借据。随后脱下他的和尚服，令他远走。袁子才叫来家里一位女仆，叮嘱她几句话后，叫她穿上和尚服，走进了拘留所。

次日一早，袁子才升堂，审问陈女时她只是低头啜泣，审问奸夫，则答与陈女同居一月之多。袁子才怒道："可恶秃奴！出家人竟抢占民女，真是有辱佛门净地！来呀，重打40板！"不容分说，衙役们当堂就要上前责打奸夫，但听假和尚大叫冤枉，语音清脆，原来这奸夫是女的！衙役禀道："大老爷，此人是尼姑，不是和尚！"

袁子才忍住笑，假戏真做，也惊讶得半天无语。突然指着那帮捉奸的无赖们，怒斥道："你们竟敢捉个女奸夫戏弄本官！真是活得不耐烦了，来人呀！把这帮人给我乱棒打出。"那帮无赖还未回过神，就遭到了棍棒的打击。一个个顾不得说什么，便抱头鼠窜了。

袁子才令人将李家之子找来谈话，试探他对陈女的感情，李某也听说了尼姑之事，所以原谅了未婚妻。袁子才问："如果有人帮你出彩礼，你会和未婚妻结婚吗？"李某说："会的。不过帮助我的人钱要来得正当。"袁子才爽快地说："好！听

此言，知你是个有志气的正义青年。”又和言道：“我可以帮你，这笔钱给你完婚用。它光明正大，你不会认为本官居心叵测吧？”

“多谢大老爷恩赐，您为官清廉众所周知。”李某诚恳地给袁子才叩了一个头。袁子才说：“你明天在家静候，自然有人送钱来。你收下不必问钱的来路，更不必对人提起。”

次日，李某收到了200两银子，他立即向陈家送了彩礼。这对儿有情人，在袁子才的巧计撮合下，终于成了眷属。

事情就这样圆满解决了，袁子才既保住了姑娘的名声，又为这对苦命鸳鸯解决了婚嫁。若袁子才按照规定来办，那么案子的结局就是一场悲剧，毁掉的是几个人的幸福。

[成功关键]

做事情，要不拘一格。大胆创新，不断突破各种的陈规束缚，依据事情的进展、所处的环境来提出新办法，唯有这样，处理事情才能得心应手。

练好过硬本领，自有出头之日

吕尚是建立西周王朝首位功臣，又是齐国的始祖。他即是有名的姜太公，他的军事策略和治国思想对后世有很大影响。

相传吕尚先世为贵族，后家道没落，到吕尚这一代已经成为贫民。为了维持生计，年轻时的他曾在商都朝歌宰牛卖肉，又曾到孟津做卖酒生意，不过结果都不太理想。

吕尚虽然贫寒，但胸怀大志，刻苦学习，孜孜不倦地研究、探讨治国兴邦之道，盼望有朝一日能够大展宏图，为国效力。

但若想成就一番大事业，非获得较高职权不行，可是像他这样出身卑贱的社会底层中人，要爬上去谈何容易？他在朝廷试探过，但纣王昏庸不管事，没有成功。老年时，他决定入周寻找机会，挑选了距离周的都邑只有几十里的磻溪垂钓为生，等待机遇的到来。这里离都城不远不近，恰到好处，风景又秀丽，好山好水，切合高人逸士的风度气质，能够借江山之助增强人格魅力。

当时执政的统治者是西伯侯姬昌，又名伯昌，乃周族首领王季的第三子，有雄才大略，善良仁慈，被称为“圣人”。其父被商纣王杀后，西伯即位号文王。他以岐山下的周为基地，继承祖先的事业，敬老爱幼，礼贤下士。

一次，文王在野外行走，见路上枯骨累累，心里十分难过，立即吩咐把枯骨好好埋葬。随从告诉他：“这些都是无主的尸骨。”文王说：“统治天下的就是天下之主，治理国家的就是一国之主。我就是主，怎能说这些尸骨无主呢？”此事传出去后，各地的人都称赞道：“西伯对枯骨尚且这样爱护，何况是对人呢？”于是，很多人才如散宜生、闳夭等都来投奔他。

在散宜生、南宫适等大臣和儿子武王、周公的辅佐下，西伯侯将周族的势力进一步向东扩展。商纣王为此深感忧虑，就把文王召到朝歌，关进监狱，将其子伯夷考醢尸，强迫文王吃下。散宜生等人为救姬昌，除贿赂纣王宠臣外，还送给纣王很多珍宝、美女，纣王被这些礼物弄得眼花缭乱，加上宠臣为其求情，消除了对他的疑虑，便把他放了回去。这一

抓一放，再次暴露了纣王的昏庸无能，更加坚定了西伯侯讨伐商朝、取而代之的决心。回国后，他积极发展经济，操练军队，更加注意召集人才。一旦发现，就想法召纳，给以重用。

姜子牙在渭水之滨，每天到磻溪钓鱼，他一面耐心等待，一面把自己的志向和对当局的分析编成歌谣，教渔人、樵夫等传唱，以期引起文王的注意。

冬去春来，花红柳绿，春草萌生，景色宜人，正是游玩的好时节。一日，文王带着散宜生、南宫适等人来到渭水之滨游玩，君臣游兴正浓时，几个渔民作歌而来，饱含着商朝将要覆亡、乾坤必定更改和隐者避世逍遥之意，姬昌大为震惊，令南宫适叫来这伙渔民，问道："请问，这歌是你们编的吗？"一个渔民答道："我们是打鱼的，不识字，哪会编歌呢？这是一个叫姜子牙的老翁在磻溪垂竿钓鱼时唱的一首歌，他天天都唱歌，还教我们唱，我们听久了，也就学会了，其实并不解歌中之意。"姬昌听了，随即前往磻溪，寻找姜子牙。

来到磻溪边，只见一棵柳树下，有一块光滑平整的大石头，石头旁边的鱼竿漂在水面上，姜子牙却无踪迹。求才心切的西伯侯耐心地等到夜幕降临，依然不见人影。散宜生提醒说："求贤聘能士，应该心诚，今天我们突然闯入，说明心意不诚，行为不恭敬，所以，贤人才故意避开。我们应当另选吉日专程拜访才是。"西伯侯认为言之有理，只好恋恋不舍地离开了磻溪。

回府后，西伯侯命令文武大臣不得回家，均住在府里，斋戒三日。第四天，大家沐浴理衣，抬着礼品，前往磻溪。沿途惊动了很多百姓，扶老携幼，观看迎贤盛况。队伍行至

树林边，西伯侯命令队伍停下，不许喧哗。

西伯侯下马，同散宜生步行入林，只见一老翁背坐溪边，西伯侯猜想此人肯定是姜子牙。两人悄悄来到老翁背后，不敢惊动。的确，此人就是姜子牙。其实，姜子牙早已发现了他们，并且，前几天他也是有意躲开的，他想考查西伯侯，看看他是不是真正的明君，是否真正求才若渴。

今天，他还想考查一番。他明知西伯侯已站在身后，却佯装没有看见，自言自语："世人垂钓以诱饵，老夫泪眼视空钩；王公卿士无人识，面对流水度春秋。"

西伯侯听完，更觉得姜子牙是个奇人，定睛一看，又发现了奇怪的事：姜子牙的鱼钩不在水里，而是高出水面三尺多，钩是直的且无鱼饵。西伯侯忍不住低声问道："先生可就是隐士姜子牙？"姜子牙佯装不认识西伯侯，缓缓扭过头来说道："小民确为姜子牙，但不过是一村野匹夫，并非隐士。"西伯侯想了一下，又问道："别人垂钓均有诱饵，钩入水中。先生如此钓法，能钓得住鱼吗？"

姜子牙借题发挥："休道钩离奇，自有负命者。纣王自认为才智超常，能识破一切谎言，可硬是让散宜生的奇钩钩住，放跑了西伯侯。"西伯侯听了，更加钦佩，诚恳地说："不瞒先生，我就是您说的文王。祖父老太公生前就盼望我得到一个协助我兴邦立国的贤臣，现在我得到了。请先生收拾行装，随我进宫。"

姜太公见西伯侯确实是谦虚待人、礼贤下士的主，也就没有推托。西伯侯十分高兴，立即将他迎上马车，姜子牙于是永远离开了磻溪。真是功夫不负有心人，姜子牙终于钓到了"大鱼"，等到了赏识自己的明君。这一年，姜子牙年已八十岁。

这就是历史上有名的“渭水垂钓”，其钓者之意不在鱼，而在乎人也。

在中国封建历史上，每朝每代的官位都是有限的，但想做官尤其是想做大官的人却是无限的。千军万马过独木桥，你挤我拥竞争是何等激烈？

要想做大官，能有别人引荐固然是好事，怕只怕朝廷无人，此时就要等待伯乐去挖掘、发现自己。

[成功关键]

姜子牙韬光养晦，默默积蓄力量，终获成功，这在世人看来，也是识得千里马的伯乐周文王的成功。古代政治就是如此，彼此为取相互所需，帝王臣子才能言谈投机。

立世：

方圆处世，玲珑人生

方是做人之本，圆是处世之道。掌握了方圆处世，就能在瞬息万变的环境中进退自如，左右逢源。方圆人生，人生方圆。大事要方，小事要圆，掌握方圆之术，做人、做事就能驾轻就熟，无难可言。

处世有术，优游从容

贾诩，字文和，是武威郡姑臧（今甘肃武威）人，少有才慧，孝廉出身，初仕为郎官，后来做太尉段颖的掾史。

董卓进入洛阳后，贾诩做上了讨虏校尉，那时他在董卓女婿牛辅的军中。牛辅死后，他名义上尽管仍是朝臣，实质上已裹在李傕等董卓的部将中，即李傕实际上成了贾诩的主子。

当李傕等人准备解体逃亡时，贾诩阻拦道："听说朝廷预备将你们凉州人全都杀了，如果你们单身逃亡，一个亭长就能捉住你们。我看不如干脆统兵杀向长安，胜利了便可控制朝政，失败了再逃亡也不晚。"

事情的发展论证了贾诩的意见是正确的，李傕等人逐出了吕布，杀死了王允，一时控制了朝廷。贾诩这一主意不但救了李傕等人，其实也救了自己，一则因为贾诩本来也是西凉人，二则当时他正在董卓部将的队伍中，若当时李傕等人解散部队单身逃亡，李傕不免被捕而被处死，贾诩也会有不测之祸。

李傕并非雄才大略之人，仅仅因王允一时失算而使他暂时得手。因此贾诩先后拒绝李傕以皇帝名义封给他的侯爵，只是做了尚书。李傕等对他礼敬有加。贾诩做了不少力所能及的辅佐汉献帝匡济时政、保护皇帝和大臣的事。

汉献帝建安元年（196），汉献帝被军阀杨奉等威吓离长安回洛阳，贾诩主动辞官，上缴自己的印绶，前去投奔军阀段煨。段煨是贾诩同乡，当时驻军在华阴。

段煨是混战军阀中较为开明的一个，他重视农业生产，不干剽掠百姓的事。汉献帝东还洛阳时，他以礼迎送，贡献财物，后来做到光禄大夫。但当时贾诩名望已高，段煨担心贾诩以客代主夺取兵权，表面上虽然对贾诩恭敬备至，心里却总提防着他。

贾诩见机而作，决意离开段煨以避祸。但他要找一个合理的借口，让自己走得堂堂正正。

当时张绣拥兵南阳，实力比段煨大。贾诩派人和张绣联络，张绣求贤若渴，于是派人来接贾诩。一位至亲好友劝他：“段煨对您这般厚待，您还要到哪里去呢？”回答说：“段煨性情多疑，心中忌我，对我虽然十分热情，我却不能长久在他手下，不然会遭他暗算。我离开他，他肯定高兴，他又渴望通过我联络交结一个实力大的人作资助，所以必然对我留下的老婆孩子厚待。张绣有兵有地，但无谋臣，也真诚欢迎我去，如此一来，我家属和自身两者均安全了。”

贾诩的分析是精明透辟的，行动是明智的。贾诩到了张绣那里后，张绣把他视作师长。于是贾诩又换了一个主子，一个对他唯命是从的主子。

但张绣的才略和实权在群雄角逐中很难持久独立。到了袁绍与曹操官渡大战时，袁绍派人来招降张绣，又是贾诩在陪伴张绣接见袁绍使者时不等张绣表态就大声说：“你回去告诉袁绍，他与兄弟之间都不能相容，还能容纳外姓人吗？”张绣当时很震惊，又私下问贾诩：“我们该投奔谁？”

贾诩立即表示，应投奔曹操。张绣认为曹操实力不如袁绍，而且他以前曾与曹操作过对，打过仗，怎么能投曹操？贾诩分析道：“夫曹公奉天子以令天下，其宜从一也；绍强盛，我以少众从之，必不以我为重；曹公众弱，其得我必喜，

其宜从二也；夫有霸王之志者，固将释私怨，以明德于四海，其宜从三也。愿将军无疑。”

于是张绣和贾诩投奔了曹操，曹操以礼相待张绣，并握着贾诩的手说：“是先生令我在天下人心目中的地位提高了。”

贾诩继二段、张绣之后，又更替了新主，即曹操。曹操也敬重信任贾诩，先后为他上奏朝廷，做上执金吾、太中大夫等。曹操晚年，在选择太子时于曹丕、曹植两个儿子间犹豫不定，贾诩巧言劝说以废长立幼带来恶果的袁绍、刘表为戒，曹操终下决心立曹丕为太子。

贾诩在曹操手下，虽受敬仰，但他自知不是曹操手下旧人，为避免猜忌，经常闭门自守，不和朝官私下交往，不和有地位的人家攀儿女亲家。正因采取了这些避嫌措施，所以他安然为官，无人猜忌谗毁。

曹丕登位后，知道贾诩曾劝曹操立自己为太子，自然感恩贾诩，贾诩的官位便提到了最高点——太尉，并进爵魏寿乡侯。77 岁时贾诩寿终正寝，又被谥为“肃侯”。

[成功关键]

东汉末年到三国时代，天下扰攘分裂，群雄逐鹿，既是贤能之士尽展才华之时，也是他们较难择主的时代。一个有才能的人，若选择错了明珠暗投，可谓一失足成千古恨，不但聪明才智无法充分施展，更有可能成为殉葬品。

贾诩则是一个善于择主的人。他先后事过数主，但都显得优游从容，官场得志，确是三国时代的一位善于择主的明智之士。“识时务者为俊杰”。正所谓“良鸟择木而栖，良仕择主而事”，历来有多少英雄豪杰，均因顺应了时势，投对了明主，才得以建功立业；又有多少不识时势的良才，仅因不

慎，而功败垂成，酿成酸涩人生。

灵活运用，因利制权

西汉诸多大臣中，最为足智多谋者，当属陈平。先是辅助高祖刘邦，常出奇计，汉初被封为曲逆侯；惠帝六年（前189），被推为左丞相；高后吕雉元年（前187）升右丞相，事吕后专权不治事；吕后死，与周勃商议诛杀吕产、吕禄，迎立文帝，任左丞相；汉文帝时，曾升为右丞相，后改任左丞相。他大权在握，能审时度势，不但不滥用权力，而且设法阻止了权力被非分之徒篡夺。原因就在于陈平悟透了“因利制权”四个字。

“汉初三杰”的才能，由汉高祖刘邦一句话概括：若论运筹帷幄，决胜千里之外，我不如张良；若论镇守国家，安抚百姓，供给粮饷，不绝粮道，我不如萧何；若论集结百万雄兵，屡战屡胜，攻无不克，我不如韩信。

尽管“汉初三杰”能耐超常，但命运却是多舛，张良担心“狡兔死，走狗烹”，不贪富贵远离官场，云游四海；萧何一生忠诚缜密，但刘邦还是对他有所猜疑，处处防着他，恐他功高震主；韩信则更惨，直接被吕后一刀刺死。

被称为“汉初第四杰”的陈平，若论命运，上面三人就自当不如，他身辅四君，官至丞相，并且每朝都是重臣。可以说，陈平是汉朝官场中一位绝对的老狐狸。

公元前188年，汉惠帝死，吕太后临朝听政。她想封自己娘家的兄弟子侄为王，有意问大臣们可否。右丞相王陵是个爽快人，回答说：“当年高祖皇帝当着尔等的面杀了一匹白

马，与我们一起喝了血酒，发过誓，非刘氏不得封王。”

吕太后转而问陈平，其实陈平也不赞成封吕氏为王，但这个老狐狸却违心地说：“当然可以。当年高祖平定天下，分封自己的子弟为王；现在太后临朝，分封自家子弟为王，又有何不可呢？”

退朝以后，王陵责怪陈平背弃了高祖的盟约。陈平则耐人寻味地说：“现在在朝廷上抵制吕太后，我比不上你，可将来除吕保刘，你或许就不如我啊！”

后来，吕太后罢黜了王陵的右丞相，封陈平为右丞相。吕后又不停地封诸吕为侯为王，陈平无不听从。因为陈平知道只有想方设法地保住丞相的地位，有朝一日举大事时，才能居中调度。

过了不长时间，机会终于出现了。公元前 180 年，吕太后病死。外戚吕氏同刘氏宗室还有朝廷各官员之间的矛盾达到了不可调解的程度。

在这次夺权斗争中，朝廷官僚同刘氏宗室结成联盟，一同对付外戚诸吕。同年 8 月，丞相陈平与太尉周勃慎观形势，他们假称有事，计谋让掌军权的吕禄把将军印交给周勃。吕禄就信以为真地交出印符。于是，周勃取得了控制皇朝中军队的权力，他们掌控了封建政府的中枢——未央宫（皇宫），为击败吕氏打开了最关键的大门。尽管相国吕产手里也有一支军队，但不晓得吕禄已丢掉兵权，还在按原计划想进未央宫，与吕禄一起发动兵变，捕杀刘氏宗室和朝臣。到了宫门口，卫士们守住宫门，不让他进去。吕产还没弄明白是怎么回事，就被杀了。吕产一死，吕氏的兵权就全都丧失了，吕氏的势力也就彻底瓦解了。

由于太尉周勃亲自率兵诛灭吕氏一伙，功勋显著。顷刻

间，周勃成为红遍朝廷内外的显赫人物。作为主谋者之一的陈平，此刻却黯然失色。汉文帝新立，一朝天子一朝臣，陈平非常知趣，知道自己作为老臣并不为新任皇帝所了解，况且又非主要功臣，何必赖在相位上不走呢？于是，陈平称病不朝，目的是把相位让给周勃。

文帝尽管刚刚主持朝政，但他对陈平的才能也不是一点不知。如今，他对陈平称病十分不解，便把陈平找来，想问个清楚。陈平十分坦诚地说："过去在高皇帝时，周勃的功劳不如臣，现在在平定诸吕时，臣的功劳不如周勃。所以，臣愿把相位让给周勃。"

文帝觉得此话也有道理，于是让周勃做了右丞相。文帝对陈平的才能比较赏识，便让他当左丞相。古人尚右，右丞相位居第一，左丞相位居第二。文帝认为这样就把矛盾解决了，既提升了周勃的地位，又做到了政策及用人的连续性。为表彰陈平的顾全大局，还赐他黄金千斤，加封食邑三千户。

汉文帝登基以后，日理万机，有一次，大臣们上朝，文帝要商讨国家大事，找来右丞相周勃问道："天下一年要判多少案子？"周勃面露愧色，连说不知。文帝又问："天下钱粮的收支，一年要多少？"周勃越发窘迫，汗流浃背，怎么也回答不出来。

文帝转而问左丞相陈平。陈平却说："各有主事者嘛。"文帝没听清楚："主事者是何人？"陈平解析说："陛下要问判决狱案，应该找廷尉；要问钱粮，应该找治粟内史。"文帝不悦了："若都找主事的，那还要丞相干什么？"，

陈平却认为这压根儿不是问题。他说："丞相嘛，管住其下属就好。陛下如果不知他如何掌控众臣，那就该拿他问罪。丞相之职，上可辅助天子掌管全局，下管万事万物各得其所，

对外镇抚周围各邦，对内凝聚百姓之心，使各级官吏各司其职。”文帝认为讲得颇有道理，连连称赞。周勃却恨不得脚下裂道缝钻进去。两人告辞皇帝后，周勃生气地对陈平说：“先生玩阴的，怎么不教教我呢？”陈平一笑：“老兄身居其位，还不知应干些什么吗？如果陛下问起长安有多少盗贼，你也一定要回答吗？”

至此，周勃才知自己的确不如陈平，与之相比有很大的差距。于是，他称病请求免去相位，让陈平一人为丞相。

陈平的这个对答，也体现出了他老狐狸的一面，不仅表明他富有急智，擅长辞令，更说明他掌握了从政的要领——总理大政，把握关键，不拘于琐事，这一点对当政者具有很大教益。无怪乎陈平能在位高权显的丞相位上直至老去。

[成功关键]

掌握在手中的权力，并非一个可以随便使唤的奴婢，绝对的权力必致绝对的腐败，绝对的腐败必致身败名裂。所以，如何运用权力，大有文章可做。依据客观需要和不同的利害情况，灵巧地运用权力，便叫做“因利制权”。

陈平的确是一个老狐狸，对于权力，他该放时就放，该抓时就不放手。吕后专权，他是装糊涂；文帝持政，他是假谦让。他明知周勃不是当右丞相的那块料，却主动辞职，一是让周勃出洋相，二是让皇帝知道自己可不是占着茅房不拉屎的人，等真到了显功夫时，他也不错过表现的机会。

权力确实可以为人带来众多方便与好处，从古至今都是人们欲求的重要对象之一。但是，正如水可载舟，亦可覆舟一样，权力可使人野心膨胀，同时也能让人招致灭顶之灾。吕后越名分而专制，风光一时，恣肆一时，而最终下场却是

遗臭万年；陈平对权力该藏则藏，该露则露，因利制权，成为千古良臣。

巧用“推”字诀，可达预期目的

战国时，有一次齐国派大军攻打虞丘。赵国派孔青率领敢死队前来增援，将齐军打得落花流水。打扫战场时，宁越看着堆得像小山似的齐兵尸体，对孔青说：“将齐兵的三万具尸体留在这里，只是一堆烂肉，不如将这些尸体送还齐国，让齐国将所积蓄的钱财都损耗在为他们办丧事上。”孔青说：“假若齐国不接收这些尸体怎么办呢？”宁越说：“出兵打仗却无法取胜，这是第一条大忌；领兵出征却不能把他们活着带回来，这是第二条大忌；送还尸体而不肯接收，这是犯了第三条大忌。现在齐国已经犯了前两条大忌，若再犯第三条大忌，齐国的百姓一定会怨恨国君不仁，而与他离心离德，这就叫做连续出击。”

宁越要利用敌军尸体发动二次进攻，这可以说是一个大胆的创新思想，在这个思维模式中，包含着一个二难推理。将这个二难推理整理出来是这样的：

若齐君接收他们战死将士的尸体，齐国就会因为厚葬这些尸体而耗尽钱财；若齐君不接收这些尸体，百姓就会埋怨他不仁。总之，对齐国都是再一次打击。

这是一个典型的二难推理形式，精明的宁越把这个难题推给了对手。

有时候，觉得棘手的事，或者不好出面的事，也可以推给第三者，让他来解决。唐肃宗就这么做过一次。

唐肃宗时，李辅国是宫中的一名大宦官。至德元年（756），肃宗在灵武称帝后，李辅国官拜行军司马。凡是肃宗的起居出行、诏令发布等内外大事，都委任李辅国处置。唐肃宗战胜安禄山，返回京城后，李辅国在银台门主持恢复京城的事，并主持掌管禁兵，一时权倾朝野，谁都不敢小看他。上元二年（761）八月，又加给李辅国兵部尚书。

可是李辅国依然不满足，恃功向唐肃宗要官，请求做宰相。唐肃宗对李辅国这样咄咄逼人、明目张胆要官的做法十分反感，同时，对他的权力过重也有所警惕。所以，唐肃宗并不想把宰相的权力交给他。但是，李辅国对唐朝宗室有功，唐肃宗在面子上不想让他难堪，于是，就对李辅国说："按照你为国家所建立的功勋，什么不能做？可是，你在朝廷中的威望还不够，这怎么办呢？"

李辅国听了肃宗的话，就让仆射裴冕等人上奏推荐自己。唐肃宗获知李辅国在请人上表，非常担心。就秘密把宰相萧华找来说："李辅国想做宰相，我并不想让他干。听说你们想上表推荐他，真的吗？"萧华没有做声，但心里已经明白了。萧华出宫以后找到裴冕，征询他的意见。

裴冕说："当时我并没有打算上表推荐李辅国为宰相，是他自己来找的我，并说这是皇上的意思。现在我明白了皇帝的真实意图，请皇上宽心，就是砍掉这条胳膊，我也不会上表荐举李辅国为宰相。"

萧华又进宫向肃宗表明了他们的意见，唐肃宗十分高兴。李辅国在肃宗在位的几年里一直也没能做上宰相。

这个黑脸怎能让皇帝来饰演呢？萧华等人接过皇帝的难题，替他做了。这亦是一种做事的策略。

[成功关键]

生活中，自己不好出面的事，可以让一个恰当的人帮你出面；有些话自己不方便表达，可以让一个合适的人帮你说。但这个人一定要选对，他必须能够胜任。若你托给了一个不善办事的人，只会越帮越乱。

不懂中庸，仕途难顺

周亚夫是汉朝开国将军周勃之子，可以算作名将之后，他通晓兵法，善于治军，也可算是一代名将，只因他不谙官场中的人情世故，不解做官之奥妙，终于落得个饿死的悲惨下场。

周亚夫为人正直，不懂变通，虽不致使皇帝厌恶，却也不讨人喜欢。司马迁的《史记·绛侯周勃世家》有一段详细真实的描述，极能说明当时的情状，大意如下：

“汉文帝亲自到军中去犒劳军士，车驾直接驰入宫门，无人阻拦，将军以下的各将领都乘马出来迎接。

等到了细柳营，只见军吏士卒严阵以待，手拿利刀、身披铠甲，机弩上也搭着箭。天子的先行官来到营门，随即被军士挡住，无法进去，便对守营门的军吏说：‘天子即将驾到了！’守卫营门的都尉却说：‘军营中只听将军的号令，不闻有天子的诏命，将军曾经严肃告诫过。’过了一会儿，天子的车驾到了，但军吏依然不开门。文帝无奈，只好派人拿着天子的符节去见周亚夫说：‘天子要亲自赏军。’周亚夫这才传命打开营门。守门的军吏又对天子的随从说：‘将军有规定，

军营中任何人的车马都不能奔驰，违命者斩。’于是，天子只得让人牵着马缰绳慢慢前行。

到了营内，周亚夫也并未跪拜迎接，他身穿盔甲，对文帝长揖道：‘臣甲胄在身，不能下拜，请以军中之礼相见。’汉文帝被周亚夫的这种精神所感动，他扶着车前的横木，改变了原来严肃的面容，并派人向周亚夫称谢说：‘皇帝恭敬地慰劳将军。’慰劳完毕，天子的车马就离开了。随行的大臣看到这种情形，都为周亚夫捏了一把汗。因为周亚夫尽管是为国治军，为汉室江山治军，且并无越轨之处，可是毕竟对皇帝显得有点傲慢无礼，比不上其他的军营显得隆重恭敬。

谁知汉文帝在看完了周亚夫的细柳营后，却十分感慨地说：‘这才是真正的将军啊！先前灞上的驻军和棘门的驻军，与周亚夫的细柳营一比，真好似儿戏一般。那两位将军，是很容易被袭击而俘虏的，而周亚夫将军，谁能打败他呢？’大臣们听到文帝这样赞赏周亚夫，才放下了心。”

幸亏汉文帝是一代明君，他虽对周亚夫有隐约的不快之感，但因他能克制自己，能从国家大事考虑，还不至于表现出来，甚至在弥留之际对太子刘启（即后来的汉景帝）说道：“若将来国家发生了急难，特别是有人叛乱时，周亚夫可以委以重任。”

汉景帝初年，晁错创议削藩，使早就图谋不轨的吴、楚等七国联合叛乱。危机之时，汉景帝突然想起了文帝临死前说的话，在站列两边的群臣中找出周亚夫，授他太尉之职，要他率领军队前去平叛。周亚夫既未推脱，又未谦让，只是接受任务，更无其他言语。汉景帝虽然找到了一位愿意前去平叛的将军，觉得高兴，但同时又觉得周亚夫有些傲慢，可能有点不大尊敬或是看不起自己这个年轻的皇帝。周亚夫也

的确不负景帝之望，出兵之后，屡破敌计，屡设奇谋，仅三个月，吴王刘濞被杀，吴、楚叛乱被平定。吴、楚是叛军主力，他们失败后，其余五国也在汉将的进攻之下节节败退，没过多久，作乱藩王或是自杀，或是伏诛，七国叛乱很快就平定了。

平定七国叛乱，周亚夫功绩很大，赢得了人们的一致赞誉，由此，汉景帝更加器重他。景帝前元七年（前150），周亚夫被擢升为丞相，丞相为文官之长，帮助天子解决各项事务，职位是十分显要的，但弄不好也极容易把自己陷进去，像周亚夫这种性格，绝对干不长久。

最初找周亚夫麻烦的人就是梁王刘武。刘武与景帝同为窦太后所生，是一母同胞的兄弟，而且只有这兄弟两人。窦太后非常宠爱小儿子刘武，对他“赏赐不可胜道”，刘武自己也常常“入则侍景帝周辇，出则同车游猎”。但就是这样一个人物，却单单恨上了周亚夫，这就栽下了祸根。

梁王刘武之所以恨周亚夫，还是因为公事。当时，周亚夫主持平叛，率领军队开到了河南一带，吴、楚联军正全力攻梁，周亚夫等人剖析了形势，认为吴、楚联军锐气正旺，汉军难与争锋，决意把梁交给吴、楚联军，任由他们攻打。梁王向汉景帝求援，景帝也命周亚夫援梁，但周亚夫给他来了个“不奉诏”，而是派骑兵阻截了吴、楚联军的粮道。吴、楚联军久攻不下，军心涣散，士气低落，又断粮草，被迫找汉军主力决战，周亚夫则深沟壁垒，养精蓄锐，一举打败了吴、楚联军。尽管平叛胜利了，但与梁王结怨。

周亚夫只知谋国，不知谋身，终使梁王怨恨。因此，梁王每逢入朝，经常与母亲窦太后议起周亚夫，极尽中伤诬陷之能事。时间一长，假话也成真话，何况梁王所说并非假话，

只是对事情的理解不符实际而已。窦太后听信了梁王的谗毁，时常向景帝说周亚夫的坏话。

景帝前元四年（前153），立长子刘荣为皇太子，但因其母栗姬渐渐失宠，景帝就想废掉太子，另立王皇后之子刘彻为太子。在中国的封建社会，立太子是大事，因为将来国家社稷的命运大部分都握在他一个人的手里，稍微不慎，就会引发巨大的灾难，况且废长立幼一般是不允许的。周亚夫初登相位，认为太子并无明显过失，随意废立，会引起混乱。周亚夫秉性直爽，不懂劝谏艺术，对景帝“固争之”，与景帝发生了争执。后来景帝说废立太子是家事，不需外人多言，周亚夫这才无奈罢休。周亚夫的劝言不仅未能说服景帝，反而使景帝觉得他太过张狂，太蔑视皇帝，故颇感愤怒。

景帝中元三年（前147），窦太后要景帝封王皇后的哥哥王信为侯。王皇后为人非常乖巧，特会讨好窦太后，因而博得了窦太后的欢心，稳住了地位。至于封外戚为侯，并不是没有先例，但景帝猜想周亚夫不会同意，就先去做他的工作。果然，周亚夫断然否决，他说：“高祖皇帝曾经与诸大臣歃血盟誓：非刘氏而王，非有功而侯，天下共击之。”周亚夫拿出高祖的话压人，倒还罢了，还直言不讳地说：“王信虽是皇后的哥哥，但他寸功未立，若把他封了侯，那就是违反了高祖的章法。”这必然使景帝非常恼怒，只是周亚夫持之有故，言辞确凿，无懈可击，景帝才不好发火，只能“默然而止”。

周亚夫阻拦了王信封侯，但由此加深了与景帝之间的矛盾，更得罪了王信。梁王与王信交往甚密，又都恨极周亚夫，于是，两人联手，内外夹攻，一起谋害周亚夫。

此事发生不久，匈奴部酋六人来降，这件事使汉景帝龙颜大悦，并想把他们都封为列侯。之中有一人，是以前汉朝

投降匈奴的将领卢绾的孙子，名叫它人。卢绾曾伺机南归，但终不得志，最终抑郁而死。卢绾的儿子也曾潜行入汉，病死在汉朝。卢它人乘隙南归，才有这六人来降。周亚夫认为不能封卢它人为侯，便对景帝说：“他的先人背弃了汉朝而投奔匈奴，现在又背叛匈奴而投奔汉朝，陛下若封这样的人做侯，那么又怎么能责备做臣子的不忠于君主呢？”这次，景帝认为“丞相之议不可用”，断然否决了周亚夫的建议，封六人为侯。其实，周亚夫的话很难说对与错，这本就是个公说公有理、婆说婆有理的事，要看具体情况而定。景帝拒绝周亚夫，倒不全是出于他的话的对与错，多半出于这样的心理：不能事事都听你的，总得听我一次。周亚夫见景帝不从，还比较知趣，就上疏称病辞官，景帝也不挽留，由他辞退。

若事情到此了结，那也罢了，问题是周亚夫既然得罪了景帝，但有功劳声望，景帝便不会对他放心。一次，景帝专门宣召周亚夫，想“考验”一下，看他是不是个知足的人。

一天，景帝特赐食于周亚夫。周亚夫虽已免官，尚居都中，见召即到。周亚夫趋入宫中，见景帝独自坐在那里，待行过君臣之礼后，景帝跟他随意说了几句话，就命摆席。景帝让周亚夫一块吃饭，周亚夫也不好推脱。只是席间并无他人，只有一君一臣，周亚夫就感到有些恐慌，等他到了席前，发觉自己面前只有一只酒杯，并无筷子，菜肴又只是一整块大肉，无法进食。周亚夫认为这是景帝在戏弄他，忍不住地就想发怒。转头看见了主席官，便对他说：“请拿双筷子来！”主席官已受了景帝的叮嘱，装聋作哑，站着不动。周亚夫正要再说，景帝突然插话道：“这还未满君意吗？”周亚夫一听，又愧又恨，无奈起座下跪，脱下帽子谢罪。景帝站起来，周亚夫就拂袖而去，再也没有说话。景帝目送他而去。如果周

亚夫能够圆滑一点，揣摩一下皇帝的心理，也就不至于发生后来的事情了。

几天过后，有使者突然到来，叫他入廷对簿。对簿就是当面质问，澄清事实，核实错误罪行。周亚夫一听，就知末日已到，但还不知犯了什么罪。等周亚夫到了廷堂，问官交给他一封信，周亚夫阅后，才理清头绪。原来周亚夫年老，要准备葬器之类，就让儿子去操办。买了五百副甲盾，原是为护丧使用，又有许多朝廷使用的木料等，或许是周亚夫的儿子贪图便宜，买了下来，他令佣工拉回家去，又未给钱，使得佣工怀恨在心，上疏诬陷。景帝见疏非常恼怒，正好借机找碴儿，派人讯问。周亚夫压根儿不知道这些事情，无从对答。问官还以为他倔强不服，就禀报了景帝。景帝怒骂道："我何必一定要他对答呢！"就把他交大理寺审讯。周亚夫入狱，其子惊问何故，等弄清了原委，才慌忙禀告父亲。周亚夫听后，什么也没说，长叹了一口气。

大理寺当堂审讯，问道："你为什么要谋反呢？"周亚夫说："我的儿子所买的东西全是丧葬所用，怎能称得上谋反呢？"

大理卿难找定罪理由，但又知皇上欲置其于死地，必须找个理由，于是发出了石破天惊之判词，大理寺说："你纵不反地上，即欲反地下耳。"周亚夫一听，完全清楚是怎么回事了，欲加之罪，何患无辞。再也无话可说。被关入狱中后，他五日不食，绝食而死。一代名将竟落此悲惨下场！

[成功关键]

在朝廷事君，稍有不慎，轻则丧命，重则丧家，甚至有株连之祸。因此历史上一些能臣，不懂中庸之法，虽一心为

皇上效力，但事君乏术，最后落得悲惨下场。

性情耿直、“不识抬举”的周亚夫，为自己的懵懵懂懂、莽莽撞撞付出了沉重的代价。不懂得中庸之法的臣子，临死时，不知是否会想到世上没有“后悔药”！

凡事贵在“妥帖”

人们常称赞一举两得、两全其美的措施，是因为这些举措清除了触及各种人际关系后所产生的负面作用，直接达到了预期的目标。有人询问诸葛亮的后人：“孔明经纶世事有何优处？”对曰：“也没有什么，只是妥帖罢了。”此妥帖二字可使我们思索许多。

晚清名臣张之洞就任山西巡抚，即将起程时，有一个山西籍富商、泰裕票号的孔老板，表示要送一万两银子给他。他对张之洞说，他深知张之洞为官清廉，手头并不丰裕，出于对张之洞的敬慕，他送“一点薄礼”，是为张之洞解决些差旅费。

张之洞当时婉拒了孔老板的好意。但是当他来到山西，考察了当地的情况之后，深为山西罂粟的种植之多而震撼，他决心铲除山西的罂粟，让百姓重新种植庄稼。而改种庄稼，需要帮助百姓买耕牛、买粮种，可山西连年旱灾、歉收，加上贪官污吏的中饱私囊，拿不出救济款发放给老百姓。他深感世事多艰，有时太坚持原则会把人难死，他决定向商号老板募捐。此时，他第一个想到的就是孔老板。

他想，像孔老板这样有实力的人，他拿银子贿赂自己，无非是为了日后得到关照。若说服孔老板把银子捐出来，为

山西的百姓做善事，以银子换美名，他可能会同意。

经过商谈，孔老板最终表示愿意拿出五万两银子，但条件是满足他的两个愿望，一是请张之洞在他票号大门口的匾上题写“天下第一诚信票号”八个字。第二个愿望是张之洞帮他弄个候补道台的官衔。

起初张之洞认为孔老板的这两个条件都不能点头，因为自己不知道泰裕票号诚信不诚信，又怎么能说它是天下第一诚信票号呢？其次他向来讨厌捐官，认为捐官是一桩干扰吏治的大坏事，自己讨厌的事自己怎么能做？这个孔老板也太过分了，仗着有几个钱竟然伸手要做道台！千千万万读书郎，数十载寒窗苦读，到死说不定还得不到正四品的帽子哩！可是不答应他，那么又到哪里去弄五万两银子呢？没有这五万银子，就没有五六千户人家的种子耕牛，他们田里长的罂粟就不会被铲除，禁烟在此地就成了空话。

五万两银子毕竟不是小数目，这对张之洞的吸引力太大了。经过反复思考，张之洞决心采用折中迂回的方式，答应为孔老板的票号题写“天下第一诚信”六个字，这跟孔老板所要求的那八个字比较，不仅仅是少了“票号”两个字的问题，而是意思上也有了很大的不同，因为“天下第一诚信”这六个字意味着：天下第一等重要的是诚信二字，并非是说他们泰裕票号的诚信就是天下第一。

至于他的第二个要求，张之洞前前后后想了很久，最后给自己找了这样一个借口：一来，捐官的风气历来已久，不足为怪，二来即使孔老板做了道台，他依然要做他的票号生意，并不会等着去补缺，也就不会去抢别人的位置，因此对孔老板来说不过是得了个空名而已。再说按朝廷规定，捐四万便可得候补道台，孔老板要捐五万，已经超过了规定的数

目，给他个道台的虚名，于情于理，都不为过。还是答应他算了，不然，他五万银子怎么肯出手？为了五万两救民解忧的银子，张之洞终于自己“说服”了自己，而孔老板最后也答应了张之洞的折中方案。

张之洞做出这个折中的方案也有些无奈，但世事多艰，有几件事可以顺利地办好呢？那种怀着满腔理想主义、坚持原则毫不妥协的人，能做成事情吗？张之洞采取迂回的手段，借孔老板的钱改善民生，而孔老板也得到了名，并且不违背大的原则，也无可厚非。

张之洞在官场上也深知“妥帖”之要义，他把王之春从广东调到湖北这件事，就做得很到位，让各方都满意。

张之洞到湖北之后，想大兴洋务，但缺少得力的助手。这时，恰巧湖北藩司黄彭年去世了，空出了职位。于是，他就想趁着朝廷尚未定下人选的时候，荐举自己的心腹来此任职，这样新任藩司与自己同心同德，在湖北大举推行洋务时，阻力就小得多了。

张之洞与自己的心腹幕僚一起，思来想去觉着现任广东臬司的王之春比较适合。王之春是张之洞在广东时一手提拔起来的，对张之洞自然是忠心耿耿，感恩有加，把他调来湖北，他自然会愿意。但张之洞思考问题又多了一层：王之春是个有才能的人，他即使不来湖北，也能在广东升任藩司，现在要把他调来，就应该为广东挑选一个合适的藩司人选，这样，王之春才走得开，调来湖北的把握性才更大一点。

他的幕僚提出不如推荐湖北臬司成允去广东做藩司，这样有两个好处：一是成允是现在军机处领班礼亲王世铎的远亲，世铎肯定愿意帮助成全他，他自己京师门路也很熟。若由张之洞出面，表示要荐举他去广东做藩司，他一定会倾力

在京师活动，抓紧时间促成此事，而王之春从广东调来，湖北之事就好办多了；二来又可空出湖北臬司一职，再调来一个同心同德，愿意帮助自己举办洋务的人，就又多了一个帮手。这样在湖北办洋务力量就更强了。

经过张之洞的巧妙周旋，王之春迅速调到湖北；而成允去广东做藩司，也是提拔了，他自然也满心高兴。真可谓“一石双鸟”。接着，张之洞又考虑好了臬司人选，即江西义宁人陈宝箴。十几年前张之洞就在京师结识了他，认为这个人器宇轩昂，能办实事，自己曾屡次向朝廷荐举过他。三年前陈宝箴在浙江按察使任上被人无端弹劾，现在京师赋闲，恰好让他到武昌来顶成允的缺。而自己此时保荐陈宝箴，又相当于雪中送炭，他自然感激涕零。

这样，经过张之洞的一番周密计划，事情果然如他所愿：王之春顺畅调来湖北做藩司，陈宝箴当上臬司。他们两人的到来，使张之洞有如虎添翼之感。

[成功关键]

把事情办得周到，让各方面的人都满意，才叫高明。诚然，这种境界不是那么轻易能够达到的，需要阅历，需要积累，有时还需要你处在比较高的位置上才办得成，但你应当往这种境界去努力。

上下变通，左右逢源

班固在《汉书·匡张孔马传》的评语中，指名批评了十几位“以儒宗居宰相位”的官僚，说他们“持禄取容，被阿

谀之讥”，这其中尤以张禹为甚。

张禹（？—前5），字子文，西汉河内郡轵（今河南济源南）人。他早年数从名师学习，儒学功底扎实。后来开门授徒，被举为郡文学，迅速成为小有名气的儒士，深得当时儒学大师萧望之器重。元帝末年，张禹为博士官，受命教授太子刘骜学习《论语》。张禹竭尽全力，教导有方，为刘骜所敬重，至此奠定了他日后荣华富贵的根基。

竟宁元年（前33），元帝病逝，太子刘骜即位，即为汉成帝。成帝虽是个骄奢淫逸之君，但对老师却不敢怠慢。登位不久，他就给张禹赐爵关内侯，封邑六百户，还封张禹为诸吏光禄大夫，秩中二千石，给事中，领尚书事，与成帝的舅舅、大司马大将军领尚书事王凤一起主事。但成帝万万没想到，老师却被这突然加身的恩宠吓得闹起了病，三天两头地上疏“乞骸骨”，以年老多病不堪政事为由请求退职。其实，张禹这么做，并非故作姿态，也非不贪官爱财，而是生怕触犯了外戚王氏家族的利益。他的上疏，在很大程度上是写给成帝的舅舅王凤的。

王凤在元帝时就已袭封为阳平侯，官至卫尉、侍中。元帝有意罢免刘骜时，他与刘骜两人忧心忡忡，而刘骜年少时就对王凤比较亲近，因此成帝即位后便由他总揽朝政大权，满朝文武对他更是侧目而视。

张禹思量除了有个“帝师”的虚名外，别无根底，与王氏不可同日而语。现在成帝要他与王凤“并领尚书”、“总秉诸事”，怎不令他“内不自安”，惊恐万分！他担心招来王凤的不满，因此一而再，再而三地自我贬损，“欲退避风”。成帝不知他这番苦心，坚持要他“固心致思，总秉诸事”，又加赐钱物，又派太医替他看病，派使者询问病情。张禹不敢辜

负皇帝的好意，只好硬撑着“复起视事”。

不过张禹也给自己定了个规矩：官虽然要当，但政事却尽量不管不问，朝中大小诸事，一切全由王凤做主。

王凤为人飞扬跋扈，对那些刚直敢言、反对自己的大臣，百般诬陷打击；但对那些阿谀逢迎之徒则报以官爵利禄。他看中了张禹的碌碌无为，对他优容有加。河平四年（前25），王凤将丞相之位赠给张禹，算是对他七八年间恭顺始终如一的嘉奖。张禹对此感激不尽，更加不以政事为念，一门心思地“内殖货财”，先后买下了泾、渭之间比较肥沃的良田四百顷，并天天游歌荡舞，沉醉于奢侈糜烂的生活中。

阳朔三年（前22），王凤病死。在弥留之际，他上疏推荐其从弟王音接替自己。王凤的亲弟弟王潭等人对王音“越亲用事”极为不满。王氏兄弟的这点纠葛，又使张禹心怀余悸，寝食不安。他名义上虽是百官之长，实质上却是王氏家族施舍的对象；王氏家族明争暗斗，他夹在中间左右为难，担心自己卷入纷争，葬送辛辛苦苦挣来的这份荣华富贵。思前想后，三十六计走为上，于是，在鸿嘉元年（前20）年初，张禹再次上疏成帝，“以老病乞骸骨”。成帝再三挽留，张禹则屡次请退。成帝拗不过他，只好听其自便。于是，张禹乘着御赐车辇，带着成帝赠送的百斤黄金，风风光光地回家养老去了。

虽然张禹告老还乡，成帝对他敬重依然不减当年。每到张禹生病时，成帝便亲临问候；国家大政，他也常去与张禹切磋，而且还对张禹“数加赏赐，前后数千万”。张禹自认不久于人世，忙着自治家坟。他看中了平陵边上的一处地方，请求成帝赏赐给自己，成帝不顾当时执政的曲阳侯王根的反对，一口答应下来。成帝对张禹的这般厚爱，果然引起王氏

家族的仇恨。王根于是说张禹的坏话，背地里陷害张禹。成帝虽然置若罔闻，我行我素，但张禹对此却深怀忧虑，一直想找个机会，调和一下与王氏的关系。永和元延年间，接连发生日蚀、地震现象。许多对王氏专权不满之人纷纷上疏，说这些灾异全因王氏擅政所起，请求成帝罢退王氏。成帝便向张禹请教，让他协助自己拿个主意。张禹看到成帝拿来的都是劾告王氏的奏疏，认为跟曲阳侯冰释前嫌的时机来了，他竭力为王氏辩解说："这些灾难与谁擅政并没有关系，皇上您不要听信馋言。"成帝听了这番话，便打消了对王氏的些许疑虑。王根听说此事，大喜过望，从此不再与张禹为难，二人即成忘年之交。

张禹虽然买通了王氏一门，却遭到诸臣的责骂。朝中正直人士闻知张禹偏袒王氏，无不愤慨。名士朱云曾当着成帝及满朝公卿的面，怒斥张禹为"佞臣"，请求诛其以谢天下，哀帝登位后，大臣杜业也上疏斥责张禹是"奸人之雄"，有"惑乱朝廷，使先帝负谤于海内"之罪。

[成功关键]

"不偏不倚"即为中庸。封建官场上的中庸之道不仅是调解同僚关系的润滑剂，还是明哲保身的护身术。西汉张禹就深知中庸玄机，在其位而不谋其政，使上下变通，左右逢源，一路触及，权倾朝野。

糊糊涂涂做事，圆圆滑滑为人，多玩些花拳绣腿，既可交差讨好上司，又不伤及对手毫毛，还可赢得满堂彩，你好我好大家好，何乐而不为？

张禹在其位而不谋其政，明哲保身，看似无奈之举，实质终归是"中饱私利"，贻误社稷。

巧妙应变，灵活自如

“变身术”是指一个人应付外部环境和各种对手的技能。和珅善变，因为他总希望自己能麻烦少一点、利益多一点。和珅在处理大案要案中，有巧妙应变的本事，因此，凡经他手办理的案件，无论案情的定性如何，都能使自己居于有利地位。在国泰贪纵营私案中，和珅就是这样“站稳”的。

乾隆四十七年（1782）四月初，都察院御史钱沣疏劾山东巡抚国泰、布政使于易简“贪纵营私”，“国泰于属员提升调补，多索贿赂”，“按照州县肥瘠，分股勒派。遇有升调，只看行贿多寡，以致历城县虚空或八九万两，或六七万两。布政使于易简亦纵情攫贿，与国泰相埒”。

国泰直属满洲镶白旗，姓富察氏，系四川总督文绶之子，曾任刑部主事、郎中、山东按察使、山东布政使等职，乾隆四十二年（1777）被迁为山东巡抚。乾隆三十八年已迁任陕甘总督的文绶，因在四川任内庇护纵子为非的阿尔泰，被戍伊犁。国泰因上疏同父一起遣戍，得到皇帝的赏识，不仅保住官职，还很快升为山东巡抚。

国泰少年得志，为人跋扈，对待属下傲慢无礼。国泰之父文绶因庇佑阿尔泰缴罚银八万两，国泰则明目张胆勒索属下，代父缴纳赎罪银两。于易简即已故大学士于敏中之弟，虽然也出身宦门，但其生性怯懦，因而同国泰共事也称得上是刚柔相济。在国泰大发脾气时，于易简居然奴颜婢膝，“长跪白事”，对国泰的颐指气使，于易简已经是见怪不怪。

对于“性情乖张”的国泰，阿桂、福康安（阿桂系当时

军机处首席大臣、内阁首辅；福康安系傅恒之子，时任云贵总督）、和珅等相继向皇帝“密为陈奏，欲以京员调用，消弭其事”，却被皇帝拒绝。因乾隆多次听说“国泰在山东巡抚任内不得属员之心”，“恐其有不法款迹”，乾隆随即于乾隆四十六年正月，特意“传谕令于易简来京讯问”。于易简到京后力保：“国泰并无别项款迹”，“惟驭下过严，遇有办理案件未协及征询不能登答者，每加训饬，是以属员畏惧，致有诟言”。乾隆又问及“国泰屡屡推举吕尔昌，有无徇庇交通情事”，于易简则以“吕尔昌与国泰均系刑部司官出身，常委审理案件，并无徇庇交通之事”对。

于易简为何要把自己的身家性命与国泰紧密连在一起？于易简曾任济南知府，因国泰的提携擢升山东布政使，此种知遇之恩令其没齿难忘。在于敏中死后，于易简对国泰更加依赖。兼之二人都嗜好昆曲，有时来了兴致，还亲自登台表演。据传他们最爱演的是洪升的《长生殿》，于易简演唐明皇，国泰饰杨玉环，声色俱佳，惟妙惟肖。志趣相投也许是于易简力保国泰的另一个原因，即所谓高山流水遇知音。

乾隆四十七年四月初四，和珅与都察院左都御史刘墉、御史钱沣等奉旨前往济南查办国泰案。同时，乾隆下谕曾在山东查办过盐务的前长芦盐政伊龄阿如实陈奏在山东的所见所闻；下旨已升任湖南布政使的前山东按察使叶佩荪据实陈奏国泰贪纵营私之处，不得稍存徇隐、回护；又责令由国泰荐举升任安徽按察使的原济南府知府吕尔昌坦白“如何与国泰前往涿州、德州、江省一带查审事件。因我母亲现于上月二十五日动身到我哥哥任去，年老人行路缓慢，恐怕还该在途中。德州是山东地方，加上关系我哥哥的事，母亲在路上上听见害怕，所以差套儿（国霖家奴仆）赴东，与母亲请安，

并叫他探听钦差查办德州信息，如没有我哥哥的事就马上回京”。

另据套儿告称，初四日自京动身，初七日到山东省，“路上遇见大爷（指国泰）接钦差，我问了安，大爷问我：‘你来做什么？’我说：‘二爷（指国霖）打发我来替老太太请安，恐老太太听到有钦差来担心。’”然而套儿并未到国泰官邸给老太太请安，而是“返回德州住了两日，打听山东省城有什么事，到十四日听说我大爷已查抄拿问了才回来”。

正像办案人所剖析的：“你既到山东，你大爷为何不留你在那里，这不是怕你露出马脚让事情败露吗？”国泰在四月十七日的口供却对套儿送信予以否认，自称“我于初六日接德州驿站上报单获悉，钦差赴江省一带公干之信，约于初八（原档有残），可过齐河，我恐路过盘查，是以叫藩司将县库（原档有残）生查办。至我兄弟差来家人套儿，我于初七日出城恭候圣安，在途中遇着他，说系我兄弟差来给我母亲请安，还说有钦差往江南查办事件，不知山东有应办的事件与否，京中不知信息，非常害怕，叫来探听探听，就回去告知好放心。我即向他说，钦差马上就要到了，倘有路过东省查办事件，你适自京来，恐有不便，就叫他回去了，并非我兄弟差来送信”。

不排除国泰有为国霖开脱之意。一年前乾隆就曾下令布政使于易简来京，询问国泰操守如何，此后不久乾隆还特地“将询问奏对缘由，传谕国泰，令其知所警惕，痛加改悔，所谓有则改之，无则加勉。凡事宽严适中，不可太过，亦不可不及。若伊奉旨，即自知猛省，随事留心更改，将自可长受朕恩，为国家好大臣，岂不甚善。如果再不知悔改，或因此转加模棱，不仔细办事，是伊自取咎戾，朕不能为国泰宽也。

至于易简既奏并无别项款迹，将来或经发现，或被访闻，不特国泰罪无可辞，即于易简亦有应得之罪”。

心里有鬼的国泰岂能不知这份上谕的分量，因而当他从驿站报单得知钦差将往江南公干，立即预料到彼等此行的真正目标很可能就是济南，套儿的到来不过更加证实事态的危急。国泰遂把存在济南府里的“交州县变卖物件银子”，用以弥补历城县亏空，令“该县郭德平向冯埏府库要去银四万两挪移掩饰”。从档案记载可得，派人给国泰送信的是其弟国霖，在德州打听钦差意向的是其家人套儿，上述诸事同和珅并无纠缠。关于清查历城县库银一节，《郎潜纪闻》中有如下一段记载：

其时和珅柄国，而国泰素奔走其门下者，人皆为通政（指钱沣）危。及抵境，和珅已授意国泰弥缝，辄以危言相恫吓。刘文清（指刘墉）深知其弊，常与通政密商。比到省盘查，则和先扬言不用全数弹兑，抽查至数十封，无短绌，和即起回馆舍。通政请封库，次日彻底拆封，则多系圆丝杂色银，盖借诸商贾以充数者。因诘库吏，得其实，遂出示召诸商贾采领，大呼曰：迟来即入官（即役收归公）！于是商贾纷纷具领，库为一空。复往盘他府亦然，案遂定，和亦无如何也。

近年来出版的很多关于乾隆的传记中，不少引用以上传闻，诸如：“国泰早已知查仓盘库之信，急忙向商人勒借银两，存放库中”，“钱沣细心观察，发现取出验证之银，每锭的数量多少不等，印色不对”，“钱沣获知借商银充库之情，便遣人宣告于众，如被借银存于库中的商人，不将银呈官报明请求归还，则将尽没收其银”，“各商人纷纷奏呈被借之数，将银领还，库为之空，一下子就将历城县亏空帑银四万两之

弊，暴露在光天化日之下”，等等。历史的真实记载并不是这样。

据和珅、刘墉在乾隆四十七年四月十一日给皇帝的奏折中所言，清查历城县库唯有一次，而且是“按款比对，逐封弹兑”，并非像《郎潜纪闻》所言先后盘查两次，第一次只“抽查至数十封”，第二次才“彻底拆封”；国泰用以弥补亏空的银两，乃存在济南的敲诈各州县的银两，并非“借诸商贾以充数者”，更无“商贾纷纷具领，库为一空”的场面。《郎潜纪闻》的作者之所以有“借诸商贾以充数”之说，极有可能是据郭德平所供“赊取本城钱铺刘玉昆银四千两抵补空项”的假证演绎而成。

据传在国泰案中，和珅在查案前，事先写好了两份奏折留给他的干女儿纳兰之父苏凌阿，告知他一份劾刘墉、钱沣用，一份劾国泰用。若在山东查不出来什么，你就将劾刘、钱的奏折上奏皇帝，告他们蓄意诬陷好官，若事有不顺，国泰罪难遮掩，我便飞马报你，你便把另一份劾国泰的奏折上奏皇上，在刘、钱回京之前劾国泰，以丢卒保车。后来国泰案终难遮掩，苏凌阿便将劾国泰的折子奏上。据说乾隆因此而认为和珅与国泰实无勾结。而刘墉、钱沣也因和珅在案中表面上没有掣肘以及无其他实据，只好认同。这些传说虽都是云里雾里，但可见和珅之为人，编造此说倒也能鲜明体现其高智商的奸诈。

[成功关键]

灵活变化，左右开弓，是一些人常用的谋生手段，但是它们也会被更灵活、更善变的人所管束。

保官护官升官有道

曾国藩在同乡儒生罗泽南的协助下，先建立起一支数千人的队伍，之后逐渐扩大。曾国藩十分了解清朝八旗兵、绿营兵的腐败，所以，他在组建队伍时，首先留心从平民中招募士兵，决不招进官僚子弟，其次是他十分注意宗族关系，把军队组建成一个血缘家庭性质的组织，以壮大战斗力。

曾国藩虽然坚决反对满族人担任一般的军官，以免影响战斗力，但为了赢得满族人的信任，他特别推举了满族人塔齐布为湘军大将，荐举多隆阿为湖北将军，在一切预备完成后，曾国藩的这支湘军开始开出湖南省，准备同太平军作战了。

咸丰四年（1854）五月，曾国藩率湘军出战，在岳州与太平军交战，没想到一战即溃。曾国藩出省共有湘军 1 万，水、陆军各5 000，连其他人等共 1.5 万多人。岳州一战，水师被打得一败涂地，几乎全军覆没。曾国藩可能是从未尝过失败的滋味，忍受不住这种打击，便投水自杀。幸亏被手下士兵所救，自杀未遂。曾国藩羞愤交加，下大力气整顿湘军，过了 3 个月后，再战岳州，于 6 月攻陷，同年 10 月，曾国藩督战，经过激烈的争夺，又攻下了武汉。曾国藩这时总算报了岳州失败之仇，情绪高涨起来，叫嚣道："肃清江面，直捣金陵。"

咸丰五年（1855），曾国藩进逼九江。这时，太平天国起义军开始仔细对付曾国藩了，派石达开为统帅，大举向西增

援。石达开是一位智勇双全的著名统帅，他把曾国藩的水师骗至鄱阳湖，再堵住湖口，胜了敌军，焚烧了战船。曾国藩看见自己苦心经营的水军又一次化为泡影，连自己的坐船都被烧掉了，更是羞愤交加，又要投水自杀。这次投水多亏又被部下拉住，免受了入水之惊。曾国藩两次投水，未得其死，也许仅是做做样子，并不是真的想死，只是为了拉拢人心，由此可见曾国藩城府之深。

石达开战胜了曾国藩这支在当时看来战无不胜的军队，太平军又大破了清军的江南大营和江北大营，军事已威震全国，大有夺取全国之势。可就在此时，太平军内部发生了严重的分裂，为争权夺利相互残杀，杨秀清、韦昌辉、秦日纲等赫赫将领先后被杀，两万多精锐死于内乱，石达开又带十万精兵出走。太平天国军从军事上的鼎盛时期走向了下坡路。

此时，曾国藩趁机再夺武汉，并在与陈秀成激战后攻夺了安庆。咸丰十一年（1861）八月，曾国藩担任两江总督，督办江南军务，有了更大的指挥权，派三路军马进攻：李鸿章率淮军由上海进攻苏南，曾国藩率主力进攻天京，左宗棠进攻浙江。因为太平军士气低落，战斗力大打折扣，因此连吃败仗。无锡、常州、苏州等地接连失陷。

曾国藩的湘军入天京后，见人即杀，见屋即烧，以至“秦淮河尸首如麻”。湘军见物即抢，“子女玉帛悉数尽归湘军”。曾国藩完成了他率湘军攻灭太平天国起义军的“元凶”使命，因为他善于玩弄权术，又逐步地登上了“圣相”的地位。

曾国藩在攻打太平军的十二年历程中，并非一帆风顺，他屡次战败，两次投水自杀，还有一次因担心李秀成的大军

袭来而数日悬刀在手，预备一旦失败，就自杀领罪。虽然他对朝廷忠心耿耿，但还是屡遭疑忌。在第一次攻打武汉之后，捷报传到北京，咸丰帝很是高兴，赞扬了曾国藩几句，但咸丰近臣说："如此一个白面书生，竟能一呼百应，并不一定是国家之福。"咸丰听了，沉默不语。

曾国藩也知会遭人疑忌，便借回家守父丧之机，带着两个弟弟（也是湘军重要将领）回家，辞去所有军事职务。过了近一年，太平军进攻盛产稻米和布帛的浙江，清廷惊恐，又请他出山，并委他兵部尚书头衔，有了军政实权。不久，慈禧太后专政，认为满人无能，就重用汉人，为曾国藩掌握大权提供了一个关键的历史契机。

同治元年（1862），曾国藩被授予两江总督，节制四省军政的权力，巡抚提督以下都须听命，不久又赐以太子太保头衔，兼协助大学士。从此，曾国藩在清廷中有了举足轻重的地位。

曾国藩以急流勇退的方式进一步获得了清廷的信任，取得了大权，在进攻太平军胜利之后，他仍然小心翼翼。因曾国藩的湘军抢劫屠杀，使得"金银如海、百货充盈"的天京人财两空，朝野官员议论纷纷，左宗棠等人还上疏弹劾，曾国藩既不想退出财物，也不能退出财物，在入京之后，着手做了四件事：

一、因怕权大压主而退出了部分权力；

二、因怕湘军太多引起疑忌裁减了四万湘军；

三、因怕清廷怀疑南京的防务而建造旗兵营房，请旗兵驻防南京，并发放全饷；

四、修盖贡院，提拔江南人士。

这四策一出，朝廷上下果然交口称赞，再加上他有大功，

清廷也不好再追查什么，相反显示出了他的谨慎态度，更赢得了清廷的信任，清廷又赏以太子太保头衔，赏双眼花翎，赐为一等侯爵，子孙相袭，代代不绝。至此，曾国藩荣宠一时，飞黄腾达。

[成功关键]

谦受益，满招损。古代臣子若是功高震主，就会成为主人的眼中钉，肉中刺，明摆着与皇帝做对要遭挨。因此有很多有大功劳的大臣，在立功之后懂得适可而止，急流勇退，不贪恋富贵温柔之乡，懂得行中庸之道安全退隐。

曾国藩从一个文人到武将，从一个圣贤到不贪名利而全身而退，其处世的最高明之处在于，他深谙中庸之道；时常注意手中的权力过大，时常避功高震主之嫌。

舍弃一点，而求众多

谢振定，字一斋，湖南湘乡人，是乾隆四十五年的进士，始任编修，后参选江南道监察御史，后任兵科给事中。

据《清朝野史大观》记载，谢御史这个人大节不苟，然性情贵阔，在他所居住的地方，桌子、床榻上落满了很厚的灰尘，也不知道揩拭。院子中花草杂生，很有濂溪不除台阶之草的风格。从来不在意钱财物品，甚至放纵仆人的侵夺和偷盗。

还具有多忘的性格，他曾经新添置了一件朝衣，借与一位同僚穿着，不做官之后一直没有取回来。后来在礼部

做官，正赶上有祭祀活动，又要去买朝服穿。被他借给衣服的那位僚友知情后，明知故问地对他说："我记得先生曾经在某时新添置了朝衣，时间不长，怎么就没了呢？"谢御史茫然地说："这类东西随手扔到了哪个破箱子中，如今到哪里去找它啊？"这位僚友说："你是否把衣服借给别人了呢？"谢御史还是没有想起来。僚友后来笑着告诉他："你于某日借给我穿了，现在还在我的箱子中，你真是贵人多忘事，现在想起来了吗？"谢还是一脸茫然的表情，真不知细节竟是这样。

民间广泛流传着"烧车御史"的故事。其故事说：在谢振定做京城巡视御史时，一日，正在东城巡逻，远远地看见有一辆违制的车舆在街道上驰骋，横行无忌，谢振定令兵士把他拘来，见那人骂骂咧咧，非常倨傲。"他娘的，哪个敢逮老子，快把老子放了。否则叫你们一个个吃不了兜着……"

谢振定怒道："哪个大胆狂徒，竟敢这样放肆，目无礼法，天子脚下，岂能容你放肆，报上名来。"

那人说："老子乃是相爷身边的贴身仆从，是相爷的妾弟，你这个不知天高地厚的狗官，敢把老爷怎么样。"原来他是吴卿怜的弟弟。

他如果不说自己是和珅的妾弟，谢振定还能饶他一二，听是和珅亲戚，怒火中烧，道："给我用鞭子抽。"两边兵丁，如狼似虎，把他推翻在地。你道哪个不恨和珅，今见主子这般有骨气，这些兵丁也壮了胆气，把那对和珅的怨气、恨气，都撒在这个"舅爷"身上。那卿怜的弟弟在地上仍破口大骂："居然敢打相爷的'舅老爷'……这车子乃是相爷乘的车子，怎能违制……"

谢振定道："给我掌嘴，看他还敢胡说八道，还放托词是相爷的乘舆。"兵丁们把他拉起来，对着那嘴脸左右开弓，不一会儿那粉脸变成了紫茄子。

谢振定道："那厮竟托言这是相爷中堂的车子，一并将车子焚烧。"兵丁们把车子拉到一边，放火把它烧了。谢振定对那卿怜的弟弟说："这回怎样，这车子宰相还能坐吗？这是宰相乘坐的车子吗？"命兵丁们回去。

此事传到和珅耳中，和珅召来刘全等道："若遇着这些不识时务的，记在心里便是，要不露声色，报给我知道，我有收拾他们的办法，你们自己不要硬为顶撞。"

家奴附和道："相爷所言极是，不要和他们逞一时之气，那样相反鼓励了别人，遇事须沉稳，要整治某人时，也要让某个人不知觉，最后也要治他个一败涂地。"

过了几天，谢振定的同僚给事中玉钟健，在和珅的授意下，借着其他事情弹劾谢振定。欲加之罪，何患无辞。和珅马上禀皇上夺了他的职，把他赶回老家去了。

嘉庆五年，和珅被治罪，谢振定又得到重用，在嘉庆十四年去世。道光年间，谢振定之子在河南做知州，由于才能突出，政绩卓越被引见给皇上。道光听了他奏答的姓名籍贯，便问道："你说你是湖南人，京师话却说得这么流畅，这是何故？"谢的儿子对曰："臣父谢振定在做御史时，臣生长在北京，所以会讲北京话，湖南老家的话，反不会讲了。"道光兴奋地说："原来你竟是烧车御史的儿子。"对他油然而生敬重之情。

到了第二天，道光帝对军机大臣说："朕小的时候听说过烧车御史的事，昨天竟见到他的儿子，他儿子也清正廉明，这样的人才你们一定要重用提拔。"

从此，这“烧车御史”的说法便流传开来。

[成功关键]

如果一个人舍弃一点，而求众多，这叫多点开花战术。和珅得势时被人发难的另外一事是御史谢振定惩治和珅小妾之弟招摇撞骗横行无忌的事。但是，对这件事和珅却是采取了此处退让他处进攻的谋略。也终把和他作对的人置于不利的地位，而自己得以明哲保身。

立业：

事业是人第二生命

要想成就一番事业，就要有坚持不懈、一往无前的勇敢精神，就像爬山一样，只有不畏劳苦，勇于攀登的人，才有希望达到人生的顶峰。当机遇来临的时候，要牢牢把握，坚持永恒的成功信念，这样就能创造出完美成功的人生。

要善于开发新领域

美国“股神”巴菲特说：“在其他人都投了资的地方去投资，你是不会发财的。”

战国时的大商人吕不韦，在赵国结识了秦国公子子楚。子楚，是秦昭王的孙子，太子安国君的庶子。子楚在兄弟中排行不是为首，上有兄，下有弟，生母早已失宠。以他的状况，怎么也轮不上他当太子。但吕不韦觉得这件事可以运作一下，“此奇货可居”虽然有风险，但做生意怎能没有风险呢？冒大的风险能获取大的收益，二者的关系是成正比例的。

吕不韦就和子楚拉关系，关系逐步好了起来，之后吕不韦表示愿意出钱帮他操作，为回国提供条件。

后来，吕不韦让子楚讨好父亲安国君的宠妃华阳夫人，心甘情愿地做了华阳夫人的义子。这样，他最终如愿以偿当上了太子。时隔不久又当上了国王。

吕不韦这项投资的回报就是：他做了秦国的相国。这桩买卖比卖粮食、卖珠宝的利润高得多。吕不韦看中的是子楚这件“奇货”的升值潜力。

公元前258年，秦国大军包围了赵国都城邯郸，赵国形势危急。魏国的信陵君与赵国平原君有亲属关系，他十分想去救赵。在信陵君的劝说下，魏王派大将晋鄙统帅十万大军援赵。因受到秦王的恫吓，魏王最终命令晋鄙停止前进，驻军汤阴。

信陵君心急火燎，可他不是国王，晋鄙的军队也不会听他的。这时他的谋士侯嬴对他说：“我听说您从前帮魏王的宠

妃如姬做过一件事？”

“是啊？这怎么了？”信陵君问。

侯嬴说：“以前如姬的父亲被人杀了，如姬悬赏缉凶，三年没能查到凶手。有一次，如姬因父仇未报向您哭诉，您派了一个门客去把她那仇人杀了。如姬十分感激，一直惦记您的大恩。如今您可以用她一用了，若开口请她把魏王的兵符偷出来，她一定会答应的。到那时，您就可以假托魏王之命，调兵遣将了。”

信陵君依计而行，果然，如姬盗得兵符，帮助信陵君完成了救赵的大事。

信陵君能办好这件大事，得益于他以前做的投资。这种可能掉脑袋的事，不是非同一般的关系，谁乐意为他办？如果不是以前对如姬有大恩，就是他搬出金山也办不好。感情投资是个慢功，不能临时抱佛脚，那样就显得势利了。平常人缘广，品行厚，口碑好，做事情就有良好的基础。

美国联邦调查局前局长胡佛说过：“金钱就像肥料，把它撒在你身边是有好处的。”在你的身边时常进行一些感情投资，不久的将来就会开花结果。

[成功关键]

做事情要有眼光，有超前意识，能看出发展趋势。当初孙正义投资给雅虎的时候，没人看好互联网这种东西，杨致远还是刚毕业的大学生，雅虎还只是个概念。孙正义听了杨致远的远景描述，为他们的构思所打动，毅然决定给他们投资。

我们要记住，步别人后尘，永远发不了大财，成不了大事。

借势成事

容闳是第一个赴美的中国留学生，他接受了西方最新的科学文化知识，尤精英语，英文论文连获首奖，他的留学经历、交往广度、沟通中西能力堪称经典。尽管他已经接受了西方的新文化，但是始终抱有强烈的爱国赤诚，希望通过自己的努力，使中国走上近代化的道路，摆脱任人欺侮的局面。

因此，毕业以后，容闳就下决心“以西方之学术，灌输中国，使中国日渐富强”。他力图通过西学东渐，在中国实行资本主义维新，使中国成为文明富强的近代化国家。

咸丰五年（1855），容闳回到祖国，他想做的第一件事，就是找到有远见的实力派，把他的新式教育计划付诸实施。为此他先后从事文秘、译员、经商，希望通过认识商学界上层人物，打开局面。可是经过八年摸索，依然劳而无功。谁是他出海的大船呢？

当时太平天国势力正盛，由于代表新的势力，而且信仰有浓烈基督教色彩的“拜上帝教”，容闳从感情上更希望得到他们的认同。于是他把目光转移到了太平军的领导人身上。

咸丰十年（1860），容闳亲自拜访太平军，希望他所提出的教育计划与改良政治得到帮助。主持国政的干王洪仁玕接见了他。容闳向他提出七项建议，主张在教育、政治、经济、军事诸方面推行近代化改革，并表示“倘采纳予言，愿为马前卒”。

洪仁玕是太平天国中最有思想和近代意识的领导人，但是也不能接纳容闳的建议，容闳非常失望。一方面他对太平

天国深表同情，另一方面，他又无奈地断言："太平军的行为，殆无造新中国的能力。"所以断绝了与太平天国的来往。此时，有人向他介绍了正在领导镇压太平军的曾国藩。

同治元年（1862）五月初三，容闳第一次来到曾国藩的幕府，曾国藩接见了他。初次见面容闳对曾国藩就十分佩服，感到自己找到了真正的幕主。而曾国藩也为有这样一个人才投靠自己而感到格外的高兴。为了留住这个难得的人才，曾国藩当时就委以重任，让容闳赴西洋采办机器，兴办工厂，制造船炮和枪械等，从此拉开洋务运动的序幕。

每个人都想成功，而且希望尽早成功。而从商务运作的事实来看，要先投入然后才有产出；有多大的本钱做多大的生意，想做多大的生意就要先去筹备多大的本钱，即是说，没钱办不了事。

大多数人在创业之始，资金都非常少，这点资金做小本生意挣小钱尚可以，做大生意赚大钱就没办法了。而用小生意去进行资金的原始积累，那要等很多年之后才能发展成巨富。最好的办法，就是借用别人的财势，做自己的生意；也不一定是借银子，也可以是借声势，做成自己的事。

比尔·盖茨刚开发计算机软件的时候，还是个不为人知的小人物。他就是借IBM这条大船出海的。

IBM始终是巨型计算机的"蓝色巨人"，但由于轻视微机的发展，致使苹果电脑侵入市场。为反击苹果，1979年，IBM着手开发微机。为了与苹果争夺市场，IBM第一次放弃了完全以自主技术来生产计算机的手段，决定采用市场上现有的技术。IBM为自己的微机选择操作系统和编译程序，先找了美国海军研究院计算机教授基尔道，他研制出的微机上第一套操作系统广受欢迎，基尔道乘机索取高价，向IBM开

出每套操作系统200美元的权利金。IBM没法，这才找到盖茨，尽管盖茨并没有开发过微机操作系统，但他立即表示要为IBM专门设计一套，要价很低。只希望自己将来还可以向其他客户销售略微修改的操作系统版本，这一要求被认同，IBM与盖茨欣然签约。聪明的盖茨就近利用西雅图计算机公司的成果，同时利用IBM遍布全球的营销力量，为以后成为“世界首富”掘来了第一桶金。

财富是一个人生存的根本和成功的标志，没有谁愿意把钱白白给别人用。因此，你须仔细设计你的策略，让对方信任你，同时也得到利益，让别人痛痛快快地借鸡给你下蛋。

下属借上司之力来做事，也是一种借船出海。很多下属内心有好的工作设想，若坦诚向上司进言，大部分不会有什么好的结果，因为每个人对别人强迫他做的事，都会有抵触。

怎么办呢？我们举个例子。李平认为自己推进公司发展的策略很好，他也知道自负且好面子的上司的脾气，为了使自己的策略规划能顺利实施，他想了一个好办法。

当他和上司在一块儿谈天时，有时会顺便提出一点儿促进公司发展的措施，但仅此而已，上司被他提醒，觉得自己“灵光一闪”，想出了困扰自己很长时间的问题的处理办法。

不久上司就开始实施和李平发展策略差不多的计划，当然众人和上司都认为这不是李平的主意。对于这些，李平并不在意，有什么关系呢？主意是不是自己的“姓”，无所谓，他也不需要称赞。

于是他用几乎相同的方法让上司实施或向老板汇报了很多对公司有用的方法。上司也觉得李平对自己的计划很理解，一点就透，许多计划还由李平主持完成，他的突出表现赢得公司上下的好评。

小李借上司这只“鸡”，为自己“下蛋”，做成了事，上司也认为这件事是自己指挥决策的功绩，同时小李也得到赞扬，皆大欢喜，何乐而不为？

[成功关键]

一个人若只靠埋头苦干，什么时候才能成功呢？最好的方法是借船出海，用别人的银子，做自己的生意；或者是借别人的声势，做成自己的大事。

要善于成功地推销自己

范雎以能言善辩和足智多谋，在战国纵横家中当属一流人物。但是他却长期“怀才不遇”，“英雄无用武之地”，我们看看范雎是怎样推销自己，从而受到重视，登上历史舞台的。

范雎得王稽之助来到秦国，他献书昭王说：“臣听说明君主政，有战功的必定得到奖赏，有能力的肯定授予官职；功劳大的俸禄多，战功多的爵位高，能治理民众的官位高。没有才能的不会让他任职，有能力的不会被埋没。假如大王认为臣说得有理，就请大王依计试之，臣自信能有益于治道。若明知其利而不行其道，那臣即使久留于秦也枉自无用。

“谚语道：一般的君王行功论赏，总以好恶而施，而英明的君主却不会这样做，总是赏有功而罚有罪。如今，我的胸膛挡不住杀人用的垫板，我的腰板抵不住利斧，我怎敢拿毫无把握的策略上献给大王呢？臣虽鄙贱不足称道，大王又难道会认为举荐臣的人（指王稽）胆敢欺诈大王吗？

“臣听说周之砥砨、宋之结绿、魏之县黎、楚之和璞，这四宝都是为璞所遮的美玉，最初玉工都不能辨别，历经波折最终才成为天下名器。既然如此，那么圣王所遗弃的人难道就不能使国家强盛吗？臣听说善于治家的，在国内招揽人才；善于治国的，更到诸侯国中寻觅良臣。正由于天下有明君贤主，各诸侯国才不可能专有贤士。究其原因，在于昏庸的诸侯们空有眼珠，不能识才，而任人才流失。正如良医能预测生死一样，明主能够洞察事情的成败，有利则为，有害则不为，疑惑不定则尝试而为之。这是尧、舜、禹、汤等圣主也无法更改的原则。

“至关重要的言语，臣不敢写在这里；而一些肤浅的话语又不值一提。臣内心忧心忡忡，也许是臣的愚昧无知，言语不适大王心意，或许是因推荐臣的人出身低贱，大王认定他们的话不足相信。若不是这些原因，那么我的意思是，希望大王能稍微腾出一点游览观赏的余暇，我将当面进言。”

这封自荐的奏书献上后，秦王非常高兴，向王稽表示了荐举贤才的谢意，再派车马去上请范雎。

范雎向秦昭王写的自荐信，先谈论治国的一般道理，再谈人才对国家的重要性，最后再说明自己是真心献计的同时，婉转地要求见面。其实人最怕见面，一见面就具有亲切感，就更容易说服人，一见面好多事就推脱不过。因此一定要争取和要人们见面。这封自荐信的实质目标，就是要达到能够与秦昭王面谈。范雎以他简略而委婉的说辞轻易就达到了这个目的。只要见到了秦王，那么更具体更富有智慧的谋划一定会使秦王折服，会使自己的抱负和愿望得到实现。

[成功关键]

人的一生事实上只有一项工作，即推销自己，以自己的才智去换取物质和精神资源。每个人的生存都需要很多的物质和精神资源，你要得到资源，就要与对方进行交易——推销自己的资源，换来自己想要的资源。凡是有大成就的人，均为人们对他有大需求的人，而人们之所以认可他，在于他能销售自己，使自己价值连城、奇货可居。因此人生在世，学会推销自己是首位的。

“贵人” 往往也是成功的捷径

一个想成就大事者，脚踏实地地工作是必不可少的，但有人一辈子实干也未必成功。这大约是缺少“贵人”相助。

“贵人”可能是身居高位之人，也许是令掌权人物敬重的人。这样的人经验、专长、知识、技能等在那个圈子里“名声”响，说话管用。能让贵人助一臂之力，有时可以省许多力。

李鸿章早年屡试不第，“书剑飘零旧酒徒”，他一度郁闷失意。但是1859年他却得到了命运之神的眷顾，从一个潦倒失意客一跃而成为湘系首脑曾国藩的幕宾，从此他的宦海生涯翻开了新的一页。

李鸿章拜访曾国藩，从中通融搭桥的是其兄李瀚章，李瀚章是曾国藩的心腹，当时随曾国藩在安徽围剿太平军。有了这种关系，曾国藩把李鸿章留在幕府，“初掌书记，继司批稿奏稿”。李鸿章向来有才气，善于掌管行文，批阅公文，起

草书牍、奏折甚为得体，深受曾的器重。

有一次曾国藩想要弹劾安徽巡抚翁同书，由于他在处理江北练首苗沛霖事件中决策不当，后来定远失守时又弃城逃跑，没有尽到封疆大吏守土之责。曾国藩愤而弹劾，指定一个幕僚拟稿，总是拟不好，亲自拟稿也还是拟不妥当，觉得不能说服皇帝。由于翁同书的父亲翁心存是皇帝的老师，弟弟是状元翁同龢。翁氏一家在皇帝面前是“圣眷”正隆的时候，而且翁门弟子布满朝野。怎样措辞才能让皇帝下决心破除情面、依法严办，又能使朝中大臣无法利用皇帝对翁氏的好感来说情呢？大费思忖。

最终，这个稿子由李鸿章来拟。奏稿写完后，不但文意极其缜密，而且有一段刚正的警句，说：“臣职分在，例应纠参，不敢因翁同书之门第鼎盛，瞻顾迁就。”这一写，不但皇帝不能徇情，朝中大臣也无法偏袒了。曾国藩不禁击掌赞赏，就此入奏，朝廷将翁同书革职，发配新疆。

通过这件事，曾国藩更觉李鸿章此才可用。

有人在很多公司中做了统计，发现90%的中、高层领导有被贵人提拔的经历；80%的总经理要得贵人赏识才能坐上宝座；自行创业成功的老板100%受惠于贵人。

职场中人的“贵人”也许就是此人的师傅、教练、顶头上司。不论在什么行业，把年轻人“扶上马再送一程”一直是传统，这种情况在体育界、演艺界、政界更是如此。没有背景来源，没有靠山撑腰，不是名门之后，凭自己崭露头角，谁认识你啊？

话又说回来，若一个人一无所长，是很难得到贵人器重的。即使侥幸获得高职，也肯定有一堆人等着看笑话。贵人也会比较谨慎，选择一个“扶不起的阿斗”，那不明摆着往自

己脸上抹黑吗？“相马相出一个癞蛤蟆”，那可是极大的讽刺。

“伯乐相马”，同时“良禽择木”，故此双方最好各取所需，以诚相待，投桃报李。

［成功关键］

受贵人相助，有利也有弊。因为有些贵人提携新人，是出于爱才之心，但也有人是出于私心，目的是培养班底，增强自己的实力。如果贵人倒台，身败名裂，你作为他的党羽，也要谨慎，万一受到牵连，则会影响仕途、财运或名誉。

关键的机遇一定要把握住

人生是一个漫长的旅程，但机遇并不是随时都会出现的。所以，当机会来临的时候，一定要把握住。人生其实就这么几步关键，走好这几步，大局即定。

左宗棠的人生关键点是在 1861 年与太平军的江西鏖战。当时太平军在鄱阳湖一带战胜曾国藩，逼得曾国藩差点自杀，多亏左宗棠以寡敌众，与太平军死拼，才挽回败局。曾国藩对他分外倚重，并向朝廷上疏为他嘉奖。从此受到清廷器重，为他日后的成功打下了基础。

当初，曾国藩委派左宗棠经营楚军。咸丰十年（1860），当他苦心经营，把楚军组建得拥有一定规模之时，太平军的战略动向也有所改变，使清政府难于应付，尤其是石达开率太平军一支奔向了四川，如果占据，那里可称得上是坚如壁垒，再行铲除就不是容易的事了。清政府对此已有所察觉，于是清廷计划调派左宗棠督办四川军务，率楚军由湘入川。

曾国藩获悉这一情况后，深恐左宗棠去就“督办”的高位而不能随他“襄办”军务，从而削减湘军对安庆乃至南京的攻势。其实左宗棠也不愿入川作战，而想集中主要精力应付太平天国苏、皖根据地。他向曾国藩、胡林翼表示：“我志在乎吴，不在入蜀矣。”于是，清廷只好派湖南巡抚骆秉章督办四川军务。左宗棠则率楚军向江西开进。这是左宗棠第一次统率军队出省作战。

在左宗棠入赣前后，太平天国方面在痛歼清军江南大营之后相继进行了东征与西征，没多久，就在苏南和皖南战场连连得手。咸丰十年（1860）八、九月间，李世贤、杨辅清等部太平军相继攻占宁国、绩溪、徽州、休宁等地，在祁门东线直逼曾国藩大营。曾国藩调左宗棠军从南昌东进支援，左宗棠带领楚军到达赣东北的景德镇。

左宗棠的部队进驻景德镇后，于当年的十一月初主动进攻，攻占德兴和安徽婺源（今属江西省）两地，旋因太平军进攻景德镇而回师。左宗棠认为，景德镇“为江省前门，涤公祁门后户，傥有疏失，不堪设想”。一样，太平军进军赣北，用意也在控制这一地区，以作皖南曾国藩湘军对外联系和粮饷供应的通道。于是，双方在景德镇一带展开了激战。

黄文金、李远率太平军分兵五路进攻景德镇，并分军攻打浮梁。左宗棠在景德镇布置防攻，击退太平军。曾国藩又调派鲍超由皖南赴赣北，增援左军。左宗棠会同鲍超向太平军发动进攻，黄文金抵挡不力，于次日退至彭泽和皖南建德。左宗棠又派楚军帮助鲍超军加紧追击，攻克彭泽、建德。黄文金部太平军损失惨重，只能退守芜湖，无法参与皖南、赣北战事。黄文金攻打景德镇败退后不久，李世贤部太平军从安徽休宁攻占婺源，分部进攻浮梁和景德镇。左宗棠派王开

琳带领“老湘营”出景德镇抵御。太平军初战失利，接着李世贤亲率大军向西挺进，王开琳败退景德镇。曾国藩急调皖南镇总兵率部由建德移防景德镇，左宗棠率军转攻鄱阳。李世贤向景德镇发动进攻，全歼守将陈大富一军，太平军攻克景德镇。左宗棠害怕被太平军所歼，逃往乐平。李世贤回师皖南，预备再攻祁门。

太平军攻陷景德镇，使曾国藩祁门大营粮断路绝。曾国藩亲率湘军从祁门抵达休宁，试图攻取徽州，打开通往浙江的饷道，结果被太平军打得落花流水，逃回祁门。曾国藩在绝望之中，写下遗嘱交代后事，坐以待毙。适逢此刻，左宗棠在乐平击败太平军。曾国藩绝处逢生。

左宗棠在景德镇之战败退至乐平后，经过调整，乘机出击，于乐平的桃岭、塔前击败太平军。正在向祁门进军的李世贤得知左宗棠卷土重来的消息后，调转军队向乐平发动进攻。左宗棠凭靠着乐平背山面河的有利地形，督兵三路在次日大败太平军，竟将号称十万的李世贤大军击败。李世贤被迫向东撤退，由赣北进入浙西。左宗棠乘势夺取景德镇等地。

祁门的后路又得以巩固，曾国藩大喜过望，他向清廷上奏称赞左宗棠“以数千新集之众，破十倍凶悍之贼，因地利以审敌情，蓄势待发，实属深明谋略，度越时贤”。曾国藩还在家书中说：“凡祁门之后路，一律肃清，余方欣欣有喜色，以为可安枕而卧。”

清廷依照曾国藩的奏请，遂将左宗棠由襄办军务而改为帮办军务，紧接着又授左宗棠为太常寺卿，官居正三品。至此，左宗棠可以说是在清廷站稳了脚跟，以后的发展就非常顺利了。

左宗棠的崛起有多方面的条件，一是他个人的超常能力，

二是他赶上了当时时势危急的用人之际，三是曾国藩的赏识和举荐。他第一次统率军队作战，就彰显出才干和拼劲，为自己博取了喝彩。

[成功关键]

当机会来临的时候，一定要使出浑身解数，全力以赴，把事情做好。十年磨一剑，不就是等待这一刻吗？此时不搏，更待何时？

不把自己的事业维持在一个人身上

有些人怀揣宏大的志向，想做一番大事业，最终得到一位强势人物的赏识，自己的事业得以开展。可是靠山一倒台，他的事业往往也就一同结束了。这样的例子在历史上不胜枚举。

吴起是战国时著名的一位军事家、改革家，为了追求功名，他几乎是六亲不认。他本来在鲁国为官，齐鲁交战时，鲁国国君想任命他为统兵御敌的主帅，但因为他的妻子是齐国人，便有些信不过他，他为了取信于鲁，竟残暴地杀掉了自己无辜的妻子。他曾发誓，不为将相，誓不还乡，后来他的母亲病逝，他果真不回家赴丧。

但是，他的仕宦生涯并不顺利，他虽然杀掉了妻子，鲁君仍然不信任他；后到了魏国，为魏国立了大功，又为魏国的贵族所不容。最后，他来到了楚国，深得国君楚悼王的倚重，封他为相国，主持楚国的变法。他变法的一个主要内容便是“损有余而补不足”，把矛头指向在楚国根深蒂固、势力

雄厚的贵族，剥夺他们的田产，废除他们的特权，并将他们发配到偏远的地区去开荒种地。

楚国强大了，吴起却孤立了，他遭到了旧贵族势力的强烈反对和憎恨，只是有楚悼王的支持，这些人一时还动不了他。公元前381年，楚悼王死了，他的后台没有了，那些仇恨积压已久的旧贵族们再也按捺不住复仇之心，立即对吴起群起而攻之。吴起无处可逃，情急之下，一下子扑到了楚悼王的尸体上，他以为那些旧贵族们投鼠忌器，一定不敢对他施行攻击的，如果伤害了国君的尸体，那可是灭族的大罪。可那些疯狂的贵族早已失去了理智，什么也顾不上了，乱箭齐射，国君的尸体并没有帮吴起的忙。

吴起的遭遇有一个可以吸取的经验教训。吴起以为，有了楚悼王这样的最高掌权者的支持，他就可以有恃无恐，放手大胆地去干他所想干的一切，而对其余政治势力的态度可以不闻不问。殊不知，天下没有持久的靠山，像楚悼王这样地位的人，你把他作为一个孤注，将一切成功的希望都寄托在他一个人身上，有朝一日，他两眼一闭，呜呼哀哉了，你该怎么办呢？

找靠山也需要一种平衡艺术，既要左顾右盼，照顾到各方利益，又要瞻前顾后，考虑到事情的前因后果。不能只在一棵树上吊死，也不能一条道走到黑。

没多久，吴起的悲剧又在商鞅的身上重演了。

商鞅在秦国实行变法之始，反对者数以千计，连太子也不以为然，一再触法。商鞅说：“变法的法令之所以不能贯彻执行，是由于上层有人有意反抗。”便想拿太子开刀，刑之以法。但太子是国君的接班人，是不能施刑的，最后拿太子的老师公子虔和公孙贾当替罪羊，一个被割掉了鼻子，一个在

脸上刺了字。当时商鞅深得秦孝公的宠信，权势极盛，太子拿他也没办法。

商鞅的变法取得了很大的成功。十几年的时间，秦国的国力得到很大的充实，武力得到极大的增强，由一个西部的边陲小国一跃而起成为七雄之首，秦国最终能够统一中国，就是由商鞅奠定了基础。

但是，正当商鞅的权势如日中天之时，秦孝公驾崩，太子继位，他就是秦惠文王。他一上台，他的老师、那个被割掉了鼻子的公子虔便出面告发，说商鞅想要谋反。惠文王下了逮捕令。商鞅急急忙忙逃离咸阳，当他来到潼关附近想要投宿时，旅店的主人也知道他是商鞅，拒绝收留他，说道："根据商君的法令，留宿没有证件的客人是要进大牢的！"

商鞅这才是真正的作法自毙，他无处可逃，被逮捕，车裂（即五马分尸）于咸阳街头，家人也被诛灭。

常言道，"人无远虑，必有近忧"。商鞅作为一个改革家，政治上极具远见，他的变法政策，为秦孝公以后几代秦国的国君所信守，秦国因之而强盛。但他长于谋国，拙于"靠"道，却没有想到，宠信他的秦孝公不可能陪他一辈子，将来的天下毕竟还是太子的，这样的人怎么能得罪呢？就像一个老于棋道的棋手一样，当你走出第一步棋以后，还要想到第二步、第三步如何走，走一看二眼观三，这样你才能在瞬息万变的政治舞台上，一直立于不败之地。

而商鞅却把自己的命运、新法的命运全寄托在孝公一人身上，而没有给自己留下后路。在改革大业上他是一个英雄，在官场上，他却是个失败者。

[成功关键]

要想在社会上立于不败之地，不能只顾一人，不及其余，他日靠山一倒，则墙倒众人推，自己必定会遭到众人攻击，致使身陷险境，自己的事业也中断了。

不可把自己的事业维持在一个人身上，这样风险太大。要想大厦牢固，必得深扎根基；要想事业常青，必须培养种子。做事情要把上下都看明白，上面要找好靠山，以防一棵树上吊死；下面要培养好自己的优秀接班人，使事业后继有人。

调整自我来适应时代发展的需要

求变是指在变幻不定的形势下，要以变化的眼光去审时度势，并且具有能迅速适应变化的素质。善于求变会使自身一直在社会变局中处于主动地位，掌握有利时机，获取最大利益。

求变的特点是，强调自身的主观能动性，不是被动应变，而是率先采取行动。无论对于个人还是国家，求变都是一种很高的应对变局的境界，因其采取主动措施，所以往往能变不利为有利，变落后为领先。正因如此，一般人很难做到。

对一般人而言，他们更关注的是维护眼前的利益，保持眼前状态，一旦发生变化，要么措手不及，一败涂地，要么仓促应变，根基不稳。只有高明之人，才能在其中巧妙应对，化险为夷。而对于想成就大事者来说，他们绝不会甘于被动，被外界力量牵着鼻子走，他们不仅有处变不惊的胆气，有随

机应变的智慧，更重要的是，他们更善于高瞻远瞩，主动求变，掌握时机。

从历史上看，可以说，任何一个成就大事业者，无论军事家还是政治家，都是善于求变的高明之士。对这一点，曾国藩有切身体会，因此，他才用总结性的口吻说：“适时则贵，失时则损。”

“适时求变”，对“求变”做了一个最有意思的限定，即“适时”。所谓“适时”，就是依据适当的形势需要，做出适当的判断，采取准确的措施，只有这种“求变”，才能取得成功，不然胡乱求变，不仅难以成就大事，相反会导致身家之败、性命之忧。这样，“适时求变”就成了古今成大事者与其他人相区别的最重要的特征之一。求变首先必须明变，熟知变化的规律，具有高瞻远瞩的目光，知道什么时候应该变化。其次，应当抓紧时机，选择正确的变化途径。

古人说“大丈夫相时而动”、“识时务者为俊杰”，都是强调英雄人物非同一般的“求变”之能。

曾国藩最推崇曹操，他把曹操作为自己一生追求的楷模。据说，有一次曾国藩问亲信们他可与哪位古人相比，有人说是诸葛孔明，有人说是范仲淹，但曾国藩一笑道：“我一生学曹孟德而未得耳。”

曾国藩的确与曹操有很大的相同之处。两人都生逢乱世，都以平定叛乱发迹。曹操因平黄巾、伐董卓而组织起自己的武装，所用之人也多在家乡附近，他的谋臣武将中，大都是颖州、汝南人士，形成了一个势力强大的地域集团。曾国藩则为平定太平天国而兴办团队编练湘军，所用人才亦多为两湖之人，为近代军阀之祖。两人都有好杀之名。曾国藩以重典治乱世，动辄杀人，平定太平天国、办教案、剿捻军，无

不用“杀”字，所以留下“曾剃头”的恶名。曹操残暴好杀，更令人发指，孔融、杨修、崔琰等名士都被他杀害，就连一代名医华佗也难逃其毒手。两人都擅权术，自不待言。在适时应变一点上，二人也有相同之处。曹操未敢称帝，据有些专家研究，不是不想，而是时机不成熟，不敢称帝。曾国藩同样不敢造次，除了忠心之外，更重要的原因，是他清楚时机尚不成熟。

事实上，曾国藩对清王朝覆亡早已料到，他曾与人说，清朝还能持续超不过五十年，并概括出“天道五十年一变”的规律，即承认大清的“铁桶”江山终有一天也会垮掉。但就这五十年之差，也是不能忽略的。倘若曾国藩一时心血来潮，自己当起皇帝来，就会成为三国时的袁术，后果必然是为千夫所指，成为所有矛盾的核心，太平军、捻军、清军，无不全力相攻。曾国藩再厉害，也难免败亡的命运，落得与王莽同样的下场。因此，曾国藩求变的前提是，对时代要有一个清醒的认识，采取正确的措施，方能立于不败之地。这就是“适时”求变的真正含义。

倘若是一般人，最多是善于随机应变、处理危局就难能可贵了。曾国藩的超人之处就在于他不断改变自我，根据形势动态而更改人生取向，所以每一变都跃上一个新台阶，最终跃居时代潮流之上，成为最幸运、最成功的弄潮儿。正是曾国藩适时求变，奠定了他非凡事业的基础，友人欧阳兆熊对曾国藩一生的求变轨迹做了一下归纳，曾国藩一生共有三次巨大变化。他在《水窗春呓》中说：

文正一生有三变：书字初学柳诚悬，中年学黄山谷，晚年学李北海而参刘石庵，故挺健之中，愈饶妩媚。其学问初为翰林词赋，既与唐镜海太常游，究心先儒语录；后又为六

书之学，博览乾嘉训诂诸书，而不以宋人注经为然。又在京时，以程朱为依归；至出办团练军务，又变而为申韩。尝自称欲著《挺经》，言其刚也。

咸丰七年，在江西军中丁外艰，闻讣奏报后即奔丧回籍，朝议颇不为然。左恪靖在骆文忠幕中，肆口诋毁，一时哗然和之……出山后，一以柔道行之，以致成此巨功，毫无沾沾自喜之色。尝戏谓余曰：他日有为吾做墓志者，铭文吾已撰：不信书，信运气。公之召，告刀世。……文正尝言："吾学以老庄为体，禹墨为用"，可以知其趋向矣。

他将曾国藩一生变化分为书法、学问、为官三个方面，认为每一方面都有三处不同。书法，初学柳公权，中学黄庭坚，后学李邕、刘墉；学问，初为词赋，中为与唐鉴学理学，后来师从刘传莹学训诂小学；为官，在当京官时，宗法二程兄弟同朱熹一派，练湘军时，又转而信奉申不害、韩非之法、术、势理论，最后又学老、庄之学。这一总结不仅合乎事实，还非常恰当，它反映了曾国藩与时俱进、识时务、善于求变的非凡素质。

怎样求变，曾国藩也有过深入的分析。同治元年（1862）四月二十四日，曾国藩给其子曾纪泽写信说：

人之气质，由于天生，本难改变，惟读书则可变化气质。古之精相法者，并言读书可以变换骨相。欲求变之法，总须先立坚卓之志。即以余生平言之，三十岁前最好吃烟，片刻不离，至道光壬寅十一月二十一日立志戒烟，至今不再吃。四十六岁以前做事无恒，近五年深以为戒，现在大小事均尚有恒。即此二端，可见无事不可变也。尔于"厚重"二字，须立志变改。古称金丹换骨，余谓立志即丹也。

首先提出了以读书求变的办法。他说，人的本性本来就是天

生的，用其他方法很难改变，唯有读书才能改变它。如果说本性是一个人最核心的灵魂部分，通过读书均可改变，还有什么不能改变呢？

从曾国藩自己的求变历史来看，他也是通过读书来改变自己的。初始，他以程朱理学为依归，在唐鉴的指引下精读《朱子全书》，后来编练湘军，围剿太平军，他读的是申不害、韩非等法家的书，改行刑名之学，实现他为官生涯中的第二次求变。

多次遇挫折，他借回乡守丧之机，潜心钻研《道德经》、《庄子》等书，开始实行黄老之道，开始了第三次求变，最终使他成为一个在宦海中遨游自如的高手。曾国藩一生从未停止过读书，他读书不是为了消磨时间，也不是单纯地为了增长学问，为的是不断从书籍中汲取新的营养和智慧，提升求变的素质。

曾国藩是我国近代史上较早倡导西学、推行洋务的官员。尽管鸦片战争后，魏源就提出了“师夷长技以制夷”的口号，但真正付诸实践，还是从曾国藩开始的。

曾国藩为什么会有如此先进的眼光？主要是他懂得从读书中感悟求变的道理。在他的幕府中，召集了一大批当时最先进的知识分子，如倡导西学的冯桂芬，精擅边境史地学的张穆、何秋涛，甚至整个近代最著名的科学家徐寿、华衡芳，还有中国第一位留美学生容闳，他们代表了当时最新的观念，极大地充实了曾国藩的幕府，同时也使他得以全面了解时代发展趋势，做出准确的决策。对于上述几位的著作，曾国藩大多拜读过，他对《朔方备乘》和《校邠庐抗议》、《几何原本》等书还有专门的评论，并且让精通数学的儿子曾纪鸿为《几何原本》新译本作序。曾国藩的这种读书习惯，一直到死

都未改变，临死前，他的枕边还搁着一部《理学宗传》。

多数人将读书看作是读书人的事，而且把读书人视为不懂世事的迂腐之人，这是一种严重的偏见。诚然，读死书、死读书的大有人在，食古不化、食洋不化的例子更是比比皆是，这样的人都不懂得读书求变的真正意义，因此才把读书当作一种脱离世俗的事情。其实，自古至今，没有一本书是与人类社会无关的，每一本书都是通过不同的形式对人生、社会的理解和表现，都算得上一种智慧。善于读书的人，都能汲取其中精华，自动剔除其糟粕，使之成为自己进步的积淀。人类文明的积累，大部分都是通过书籍进行的。

从另外一个意义上说，书籍代表着知识，而知识是推动社会进步的动力，也是一个人各方面能力的体现。为何古人信奉“学而优则仕”？因为他们懂得，读书读得好，学问做得好，其素质必然要高，能力必然要强，只有这样的人，才能治理好国家，才能为官。由于古人十分笃信旧知识的魅力而未能及时更新，这一信条的作用也被大大打了折扣。然而对当今社会来说，知识正在成为一个国家、一个社会，甚至一个人进步、成功与否的决定性力量，知识作为一个人求变的最基本因素越发受到广泛的重视，而获取知识最重要的途径就是“读书”。

纵横古今，不仅得不出曾国藩读书求变这一方法显得落后保守的结论，相反，历史的发展进一步论证了他的这一方法的正确性。或许我们仍然可以套用那句“学而优则仕”的古语，并把它的范围扩展得更广阔，即在当今社会中，如果学问好、有知识，就必定能获得成功，如果想在现代社会中凸现人生价值，增加自己的知识也是最有效的

办法之一。

[成功关键]

善于求变是每个英雄豪杰的共同特点。曾国藩求变的精髓是他能够准确判断时代的大趋势，使自己不落伍，总是站在时代浪潮的尖端。每个时代的顶点处都有一位豪杰作为代表，晚清时的代表就是曾国藩。他因时而变，切中时代主题，充分验证了“识时务者为俊杰”这句至理名言。

读者感悟

感悟 1

感悟 2

感悟 3

感悟 4

读者调查表

尊敬的读者：

感谢您购买本册图书，为了今后为您提供更优秀的图书，请您抽出宝贵的时间将您的意见以下表的方式及时联系我们。

姓名		性别	□男 □女	年龄		职业	
E—mail				电话			
传真				通信地址			

1. 您购买本书的理由(可多选)：

□封面封底 □价格 □内容提要、前言和目录 □书评广告 □作者名声
□正文内容 □其他

2. 您对本书的满意度：

版面设计 □很满意 □比较满意 □一般 □较不满意 □不满意
文字编撰 □很满意 □比较满意 □一般 □较不满意 □不满意
封面设计 □很满意 □比较满意 □一般 □较不满意 □不满意

3. 您最喜欢本书中的哪篇(或章、节)？请说明理由。

4. 您最不喜欢本书中的哪篇(或章、节)？请说明理由。

5. 请您指出本书在哪些方面需要进行改进？